Thomas Lang

# HYBRID

## Zukunft, die heute schon fährt

**HEEL**

IMPRESSUM

HEEL Verlag GmbH
Gut Pottscheidt
53639 Königswinter
Telefon 0 22 23 / 92 30-0
Telefax 0 22 23 / 92 30 26
Mail: info@heel-verlag.de
Internet: www.heel-verlag.de

Verantwortlich für den Inhalt: Thomas Lang

Fotos:
Pressearchive: Toyota, Lexus, Audi, Peugeot, Ford, Honda, GM,
Mercedes-Benz, Volkswagen, US Airforce, Lufthansa Technik;
Luftfahrtverlag-Start (Axel Urbanke), Bad Zwischenahn;
Archiv Auto Zeitung,
AKG images (Seite 24-31, 38, 80, 86, 88, 91, 94, 97, 98-99),
Hartmut Pohling/JAPAN-PHOTO-ARCHIV,
CORBIS

Lektorat: Joachim Hack, Bad Honnef
Gestaltung und Satz: Grafikbüro Schumacher, Königswinter
Druck: Koelblin-Fortuna Druck GmbH & Co. KG, Baden-Baden

Printed in Germany

ISBN 978-3-89880-825-5

Thomas Lang

# HYBRID

## Zukunft, die heute schon fährt

HEEL

# ■ Inhalt

# ■ Vorwort

Die Vorstellung des Klimareports der Vereinten Nationen 2007 hat es deutlich gemacht. Der Mensch trägt eine wesentliche Verantwortung für die Veränderung des Weltklimas. Genau genommen jene Aktivitäten des Menschen, die durch die Verbrennung fossiler Energieträger rund 30 Milliarden Tonnen des Klimagases Kohlendioxid ($CO_2$) pro Jahr produzieren und in die Atmosphäre entlassen.

14 Prozent davon tragen diejenigen Verkehrträger bei, deren Antrieb direkt oder indirekt fossile Brennstoffe nutzt. Davon entfallen wiederum 50 Prozent auf die etwa 800 Millionen Pkw, die derzeit über Straßen und Wege der Welt rollen. Obwohl das Automobil nur einen vergleichsweise geringen Anteil an dieser Belastung hat, gerät es stets deutlich in die Kritik, wenn Fragen des Umweltschutzes die öffentliche Diskussion regieren.

Dabei entfernt sich die Sachlichkeit aus diesen Diskussionen in einem logarithmischen Verhältnis zur Dauer, mit der sie geführt werden. Zudem offenbart sich darin die Neigung der Deutschen zum Besserwissen stärker als ihre Neigung zum Wissenwollen. Zahlen und Fakten sind in der Diskussion vielfach nur dann relevant, wenn sie den Zielen der einen oder anderen Interessengruppe dienen. Das verschärft vor allem in der Politik die Gefahr, dass sich Meinungsbildung und Entscheidungsfindung nicht in wünschenswerter Weise den Interessen des Souveräns beugen.

Eine wesentliche Problematik der Verantwortung des Autos für die Umwelt liegt in der rapide ansteigenden Motorisierung. Bis 2020 kommen zu den bereits fahrenden 800 Millionen 400 Millionen weitere hinzu. Um den Status quo seines Anteils an der Belastung der Umwelt nur zu stabilisieren, müsste das Auto seinen Verbrauch und damit die Emissionen klimarelevanter Gase bis 2020 um 50 Prozent senken.

Das macht das Auto natürlich angreifbar. Zudem hat es eigentlich keine starke Lobby. Das scheint paradox, angesichts der Bedeutung, die die Fahrzeugindustrie als Schlüsselbranche in den hochindustrialisierten Ländern einnimmt. Doch gerade im Fokus der Emotionalität, mit der alle Diskussionen rund ums Auto auf der ganzen Welt geführt werden, wird der Mangel an qualifizierter Interessenvertretung in Sachen Auto deutlich.

Vor allem ist dies ein Mangel an Sachlichkeit, die helfen könnte, zu einer objektiven Abwägung von Vor- und Nachteilen des wichtigsten Verkehrsträgers zu kommen. Denn die Habenseite des Automobils kann sich durchaus sehen lassen. Autos sind für die individuelle Mobilität, für die Versorgung und jede Form wirtschaftlichen Handels unverzichtbar. Autos sind gleichermaßen Quelle und Spiegel des Wohlstands einer Nation. Die Länder, die über breite Massenmotorisierung und die dazu erforderliche Infrastruktur verfügen, sind bezogen auf ihr Bruttosozialprodukt pro Kopf die wohlhabendsten und politisch stabilsten. Die Mobilität, die das Auto den Menschen verleiht, erschließt die Freiheit des unabhängigen Reisens, die Möglichkeit zur eigenen Anschauung, Erkenntnis und Schlüssen. In Europa ist die breit aufgestellte Mobilität untrennbar mit einer Periode des Friedens, des Wohlstands und der politischen Stabilität verknüpft, die in der Geschichte der Menschheit einmalig ist.

Das mag pathetisch klingen, hält aber auch einer pragmatischen Betrachtung stand, wenn sie sich nur auf die ökonomischen Faktoren der Automobilwirtschaft bezieht. Letztere ist eine Jobmaschine, die Millionen von Existenzen sichert, vom Entwicklungsingenieur, dem Bandarbeiter, Autoverkäufer, Tankstellenpächter, Straßenbauer, Werftarbeiter, Fahrer, Wartungsmechaniker, Fährkapitän, Tankermatrosen bis zum Werbefilmer, Messebauer oder Autor von Sachbüchern.
Die Probleme, die das Automobil in seinem massenhaften Auftritt für die Umwelt verursacht, will niemand ernsthaft bestreiten. Die Industrie schon gar nicht, denn jedes Jahr fließen weltweit hohe zweistellige Milliardenbeträge in die Entwicklung umweltschonender Techniken und alternativer Antriebe.

Der Hybridantrieb ist aus heutiger Sicht unumstritten der Königsweg der Autoindustrie, künftig den Verbrauch bei Autos wirksam zu senken, denn nur der nicht verbrannte Liter Kraftstoff ist ein guter Liter Kraftstoff. Jeder große Automobilhersteller forscht am Hybridantrieb, denn das Prinzip der Energierückgewinnung und Speicherung lässt sich mit jedem aktuellen Antriebsprinzip wie Otto- und Dieselmotor oder für Nutzer alternativer Treibstoffe anwenden, ebenso wie für die Brennstoffzelle, deren Ankunft in der Serienfertigung heute noch Zukunftsmusik ist.

Der Hybridantrieb ist freilich kein Wunderantibiotikum, das das Fieber der Erde in kurzer Zeit wirksam senken kann. Die Entwicklung der einzelnen Komponenten ist komplex, die erforderlichen Investitionen sind enorm. Doch gerade die Kosten können den ernsthaften Willen der Automobilindustrie zur Verringerung von umweltschädlichen Einflüssen eindrucksvoll dokumentieren. Die erforderlichen technischen Maßnahmen, um bei einem Auto den Kohlendioxid-Ausstoß um eine Tonne zu vermindern, sind zwanzigmal teurer als beispielsweise die Wärmeisolierung, die an einem Gebäude den gleichen Effekt erzielen könnte. Zudem ist es ein altes Phänomen, dass Kunden zwar ein hohes Maß an Umweltfreundlichkeit bei einem Auto begrüßen, aber deshalb keineswegs gleichermaßen bereit sind, auch nur einen geringen Mehrpreis für ein solch fortschrittliches Antriebskonzept zu bezahlen.

Hybrid als Technik der Zukunft, die heute schon fährt, ist eine ebenso spannende wie komplexe Geschichte voller Technik, Zeitreisen, Kultur, Politik und Wirtschaft. Sie versucht für diejenigen, die wissen wollen, um besser wissen zu können, die wichtigsten Facetten zu beleuchten.

**Thomas Lang**
**Pulheim, Mai 2007**

# KAPITEL 1

Die Klimaveränderung lässt Regionen vertrocknen, die bislang ausreichende Niederschlagsmengen erhalten haben.

# Der Mensch verwandelt das Klima

**Auch im gemäßigten Mitteleuropa häufen sich die Wetterextreme mit „Jahrhundertüberschwemmungen".**

Unter der Überschrift „Die Zukunft hat längst begonnen", stellte die „Neue Züricher Zeitung" in ihrem Feuilleton vom Freitag, dem 16. Februar 2007, fest: „Das Klima ändert sich. Das ist sicher. Der Mensch hat daran maßgeblichen Anteil. Das ist sehr wahrscheinlich." Der Autor Josef H. Reichholf, Professor für Zoologie an der zoologischen Staatssammlung in München, fasst in beeindruckender Klarheit die komplexe Problemlage zusammen, die die Veröffentlichung des UNO-Klimaberichts zu Beginn des Jahres aufgeworfen hat: „Lässt sich der Klimawandel aufhalten? – Die Frage erscheint dringlich – und doch relativiert sie sich angesichts der Tatsache, dass das Erdklima fortwährend und über einen großen Zeitraum hinweg Änderungen unterworfen ist. Nicht nur der Blick in die Vergangenheit der Erde legt es nahe, sich auf den kommenden Klimawandel einzustellen. Auch das Vorherrschen kurzfristiger Interessen der Weltgesellschaft spricht dafür."

Bemerkenswert am aktuellen Klimareport der Vereinten Nationen ist die Feststellung, dass die Rolle des Menschen bei der gegenwärtig zu beobachtenden Ver-

änderung des weltweiten Klimas ein kaum mehr weg zu diskutierendes Faktum ist. Das IPCC (Intergovernmental Panel of Climate Change) mit Sitz in Genf ist der zwischenstaatliche Ausschuss für Klimaveränderung, den die Vereinten Nationen im Rahmen ihres Umweltprogramms und der WMO (World Meteorological Organisation) 1988 gegründet hatten. Der Weltklimarat IPCC hat die Aufgabe, umfassend, objektiv und ergebnisoffen die wissenschaftlichen, technischen und sozioökonomischen Informationen über den vom Menschen verursachten Klimawandel zu bewerten. Dem Gremium arbeiten Hunderte von Wissenschaftlern aus der ganzen Welt mit dem Ziel zu, die Folgen und Risiken der Klimaveränderungen abzuschätzen, auszuloten und Wege zu suchen, wie die Menschen diese Folgen abschwächen oder sich ihnen anpassen könnten. Bislang veröffentlichte das IPCC 1990, 1995 und 2001 seine Berichte. Während der erste Report 1990 noch von einem natürlichen Treibhauseffekt ausging, der durch vom Menschen verursachte Emissionen verstärkt wird, lautete bereits 2001 das Resümee: „Der Mensch ist für einen großen Teil der Erwärmungen verantwortlich."

Der am 2. Februar 2007 vorgestellte erste Teil des Reports lässt an Deutlichkeit nichts zu wünschen übrig. Die einhellige Meinung der 2500 Experten, 800 Autoren und 450 Redakteure aus 130 Ländern, die sechs Jahre Arbeit in den Report investiert haben, lautet wie folgt: „Wir können jetzt mit großer Sicherheit sagen, dass die Aktivität des Menschen zur Erwärmung beigetragen hat." Bereits die bisher beobachtete Erwärmung bezeichnen die Autoren als „beispiellos".

Die Komplexität klimatischer Vorgänge und Veränderungen machen es unmöglich, eine konkrete Voraussage künftiger Entwicklungen zu treffen. Alle relevanten Faktoren sind Variablen. Verändert sich eine dieser Variablen, kommt jede Prognose zu einem neuen, abweichenden Ergebnis. Deshalb präsentiert der Report sechs verschiedene Szenarien. Im günstigsten Fall erwärmt sich das Klima der Erde bis 2100 um einen durchschnittlichen Wert, der zwischen 1,1 und 2,9 Grad Celsius liegt. Im ungünstigsten Fall zwischen 2,4 und 6,4 Grad. Die wahrscheinliche Erwärmung liegt im Bereich zwischen 1,7 und 4 Grad. Daraus resultiert bis 2100 ein weltweiter Anstieg des

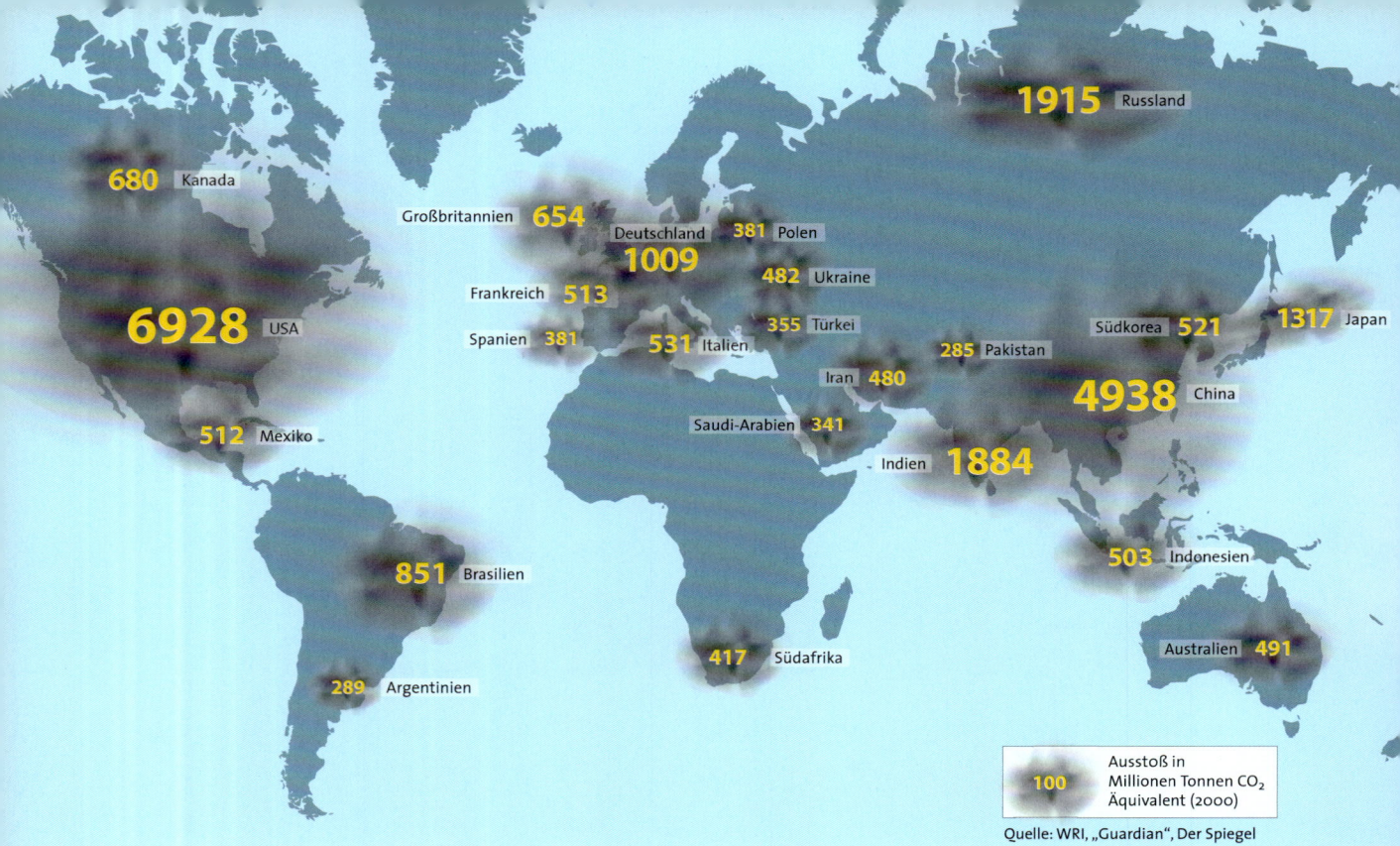

1915 Russland
680 Kanada
Großbritannien 654
Deutschland 1009
381 Polen
482 Ukraine
Frankreich 513
Spanien 381
531 Italien
355 Türkei
6928 USA
Iran 480
285 Pakistan
Südkorea 521
1317 Japan
4938 China
Saudi-Arabien 341
Indien 1884
512 Mexiko
503 Indonesien
851 Brasilien
Australien 491
417 Südafrika
289 Argentinien

100 | Ausstoß in Millionen Tonnen $CO_2$ Äquivalent (2000)

Quelle: WRI, „Guardian", Der Spiegel

Meeresspiegels um 19 bis 37 Zentimeter, im ungünstigsten Fall kann man von zwischen 26 und 59 Zentimetern ausgehen.

## Treibhausgase sind Klimakiller

Der Klimawandel ist die Folge eines Anstiegs der Treibhausgase in der Atmosphäre. Diese Gase sind per se nicht giftig und zählen nicht zu den Schadstoffen in der Luft. Klimagase sind teilweise ein natürliches Phänomen, das durch biologische, geologische und chemische Prozesse der Natur entsteht. Das Gleichgewicht aus Erzeugung und Umwandlung von Treibhausgasen in diesen natürlichen Prozessen stört der Mensch durch seine Aktivitäten, die durch die Produktion von Klimagasen gekennzeichnet sind. Die Zahlen, mit denen der Bericht den Wandel des Weltklimas fasst, sprechen eine deutliche Sprache. Der Gehalt an Kohlendioxid ($CO_2$) in der Luft ist zwischen 1750 und 2005 um 35 Prozent gestiegen. Von 289 auf 383 ppm (parts per million), das entspricht 383 Anteilen $CO_2$ an einer Million Luftmole

külen. Der aktuelle Wert ist der höchste seit 650.000 Jahren. Dabei gehen 78 Prozent dieser Steigerung auf die Nutzung fossiler Brennstoffe zurück, 22 Prozent auf die Nutzung von Landflächen, etwa mittels Brandrodung. Kohlendioxid nimmt nur einen geringen Anteil an der gesamten Lufthülle ein, die die Erde umschließt. Innerhalb kurzer Zeit stieg der Anteil von 0,03 auf 0,04 Prozent. Dieser Anteil scheint gering, doch beträgt das Wachstum absolut gesehen 25 Prozent – und die Auswirkung auf das Klima ist entsprechend dramatisch. $CO_2$ wirkt wie das Glas eines Gewächshauses. Zusammen mit Wasserdampf und anderen Gasen hindert es die von der Erdoberfläche abgestrahlte Wärme daran, in das Weltall zu gelangen. Daher resultiert auch der anschauliche Begriff „Treibhausgas".

Neben dem $CO_2$ sind Methan und Lachgas die wichtigsten Treibhausgase, die zusammen etwa halb so stark an der Erwärmung beteiligt sind wie $CO_2$. Methan oder „Methylwasserstoff" ($CH_4$) ist die einfachste Kohlenwasserstoffverbindung und trägt auch die Bezeichnung „Sumpfgas". Methan entsteht konzentriert in der landwirtschaftlichen Produktion, beispiels

Der CO$_2$-Ausstoß der einzelnen Länder dokumentiert den Grad der Industrialisierung. Nassreisanbau ist eine Hauptquelle für die Produktion von Methan.

weise durch den Nassreisanbau oder die Rinderzucht. Täglich gären in jedem Rindermagen zwischen 150 und 250 Liter Methan heran. Das Erwärmungspotenzial von Methan als Treibhausgas ist 23 Mal höher als das von CO$_2$. Dieser Umstand macht auch die Tundren Sibiriens und Nordamerikas zu einer schlummernden Klimabombe. Tauen diese Böden, wie die Klimaforscher befürchten, in diesem Jahrhundert zu bis zu 90 Prozent auf, könnte das in den Permafrostböden gebundene Methan frei werden. Geschätzte 400 Milliarden Tonnen lagern im bislang noch eisigen Norden.

Lachgas oder „Distickstoffmonoxid" (N$_2$O) entsteht durch chemische Prozesse beim Düngen sauerstoffarmer Böden mit Stickstoffdünger. Lachgas weist eine hohe chemische Reaktionsfähigkeit mit Ozon (O$_3$) auf. Der so genannte „aktive Sauerstoff" ist ein instabiles Molekül, das durch die Aufspaltung von Sauerstoffmolekülen (O$_2$) durch energiereiche Strahlung in der Stratosphäre (zwischen 18 und 50 Kilometer über der Erdoberfläche) entsteht. Die Ozonschicht reflektiert ultraviolette Strahlung der Sonne. Lachgas reduziert zudem giftige Stickoxide bei Verbrennungsprozessen. Parado-

xerweise fördern Maßnahmen zur Abgasreinigung bei Kraftwerken wie die Wirbelschichtbefeuerung oder der geregelte Dreiwegekatalysator beim Auto die Entstehung von Lachgas. Die Konzentration von Methan und Lachgas in der Erdatmosphäre hat seit 1750 um 148 beziehungsweise 18 Prozent zugenommen.

Die kurze Darstellung der Entstehung und Wechselwirkung dieser drei wichtigen Klimagase zeigt, wie komplex die Auswirkungen menschlichen Tuns auf die Klimaentwicklung der gesamten Welt ausfallen, wie schwierig Prognosen werden, da Qualität und Quantität der einzelnen Faktoren keine festen Größen bilden.

## Dramatische Veränderungen sind schon sichtbar

Wer den aus vielen Variablen konstruierten Zukunftsszenarien misstraut, um sich die Illusion eines globalen Happyends durch die Selbstheilungskräfte der Natur nicht zu zerstören, oder um nicht am Glauben zu rütteln, der aktuelle Lebensstandard des Bewohners einer modernen und reichen Industriegesellschaft sei ein gottgegebenes Grundrecht, sollte sich wenigstens mit den Tatsachen auseinander setzen, die die jüngste Vergangenheit bereits geschaffen hat. Diese Fakten fasst der zweite Teil des IPCC-Reports zusammen, den die UNO im Mai 2007 veröffentlichte.

Die Auswirkungen der Entwicklung des globalen Klimas führte die Saison der kalten Jahreszeit 2006/07 drastisch vor Augen. Der bislang wärmste Winter, seit es Wetterbeobachtungen und -aufzeichnungen gibt, ließ bereits an Silvester Pflanzen treiben, legte Skilifte auf grünen Wiesen bis in Lagen über 2000 Meter still und verdarb gleichermaßen Reifen- wie Bekleidungshandel das Geschäft. In Deutschland blieben 2,5 Millionen Winterreifen für Pkw in den Lagern des Handels liegen. Orkane wie „Kyrill", dessen Flurschäden zu Jahresbeginn in die Hunderte von Millionen gingen, sind beinahe schon akzeptierte Folklore eines mitteleuropäischen Winters.

Für ein Anhalten dieses Trends sprechen die Zahlen der IPCC. Dafür prüften die Autoren über 30.000 Datensätze und mehr als 70 internationale Studien. 85 Prozent dieser Daten zeigen laut IPCC „die Tendenz in eine Richtung, wie sie als Reaktion auf eine Erwärmung zu erwarten sind". Allen Zweckoptimisten schreibt die Studie unmissverständlich ins Stammbuch: „Die Forscher halten es für sehr unwahrscheinlich, dass die geschilderten Phänomene maßgeblich auf natürliche Prozesse zurückgehen."

Die globale Temperatur der Erdoberfläche ist bereits um 0,74 Grad gestiegen. Von den vergangenen zwölf Jahren waren deren elf die wärmsten seit Beginn der Wetteraufzeichnung. In den letzten 50 Jahren stieg die Temperatur doppelt so schnell an wie in den letzten 100 Jahren. Dabei belegen Klimarekonstruktionen, dass die Temperaturen der letzten 50 Jahre höher ausfielen als in den vergangenen 1300 Jahren.

Die Folgen dieser Entwicklung sind schon jetzt dramatisch und klar erkennbar. Im 20. Jahrhundert stieg der

Meeresspiegel bereits um 17 Zentimeter. Die Erwärmung lässt nicht nur Gletscher und Eis in Arktis und Antarktis schmelzen – rund 8 Prozent seit 1978 –, sie sorgt auch für eine Ausdehnung des Wassers. Dieser physikalische Effekt ist noch weit wirksamer für das Ansteigen des Meeresspiegels als der Zufluss von Schmelzwasser. Die Erwärmung trägt zu drei Vierteln zum Anstieg bei. Wenn die Temperatur bis 2100 tatsächlich um mehr als 3 Grad Celsius ansteigt, schmelzen 10 Prozent des durchschnittlich 1,5 Kilometer dicken Packeispanzers, der 1,82 der insgesamt 2,17 Millionen Quadratkilometer Grönlands bedeckt. Derzeit verliert Grönland 235 Kubikkilometer Eis pro Jahr. 2006 gelang es erstmals einem Bauern, auf der eisigen Insel Broccoli zu ernten. Auch der westantarktische Eisschild zeigt längst Zeichen von Instabilität.

Der zweite Teil der Klimastudie belegt die quantitative und qualitative Zunahme von Gletscherseen, deren Überlaufen verheerende Überschwemmungen auslösen kann. Durch die Erwärmung von Flüssen und Binnenseen ändern sich deren thermische Schichtungen und die Wasserqualität. Pflanzen und Tiere verlieren ihren angestammten Lebensraum, andere Spezies dehnen ihr Verbreitungsgebiet aus.

Welche Auswirkungen die Erwärmung des weltweiten Klimas mit sich bringt, lässt sich zum Teil schon mit ziemlicher Präzision vorhersagen. Aber längst nicht alles lässt sich im Detail prognostizieren, weil die Wechselwirkung vieler Prozesse, die die Erwärmung hervorruft, noch nicht absehbar ist. Schon bei einem Grad höherer Durchschnittstemperatur etwa leiden 80 Prozent aller weltweiten Korallenriffe unter der Korallenbleiche. 50 Millionen Südamerikaner müssen nach dem Verschwinden der kleinen Andengletscher um ihre Wasserversorgung fürchten. Schlechtere Wasserversorgung und Dürren fordern in tropischen Breiten bis zu 300.000 zusätzliche Menschenleben, die Durchfallerkrankungen, Malaria und Hunger zum Opfer fallen.

Bei 2 Grad zusätzlicher Erwärmung drohen zwischen 15 und 40 Prozent aller Arten auszusterben. In Afrika erkranken zusätzlich 40 bis 60 Millionen Menschen an

Kraftwerke, die zur Stromerzeugung fossile Brenn-
stoffe nutzen, sorgen weltweit für den größten An-
teil am Ausstoß von $CO_2$.

Malaria. Drei Grad mehr Wärme bedrohen bis zu 170 Millionen Menschen in Küstenregionen durch Fluten und Überschwemmungen. Bis zu einer halben Milliarde mehr Menschen als heute leiden Hunger. Fünf zusätzliche Durchschnittsgrade schädigen das Ökosystem der Weltmeere nachhaltig durch Versauerung und bedrohen die Wasserversorgung eines Viertels aller Chinesen, weil dann die Gletscher des Himalaya abschmelzen.

Bei den ermittelten Werten des Klimareports handelt es sich um Durchschnittswerte. Die Auswirkungen auf einzelne Regionen fallen ganz unterschiedlich aus. Veränderungen von Meeresströmungen können an einzelnen Küsten einen Anstieg des Wasserspiegels im Bereich von Metern bewirken. Die Erwärmung sorgt in manchen Gebieten für längere Trockenperioden, beschert dafür anderen anhaltendere und heftigere Niederschläge. Wo Europas gemäßigte Mitte bislang im Sommer und Winter Stürme kannte, muss sie sich künftig auf Orkane einstellen. Die Studie legt dar, mit welchen Auswirkungen direkt betroffene Menschen rechnen müssen. Völlig offen lässt sie, welche Konsequenzen die daraus resultierenden politischen Entwicklungen zeitigen. Migrationsdruck aus Regionen, die zunehmend unbewohnbar werden, wird dadurch ebenso entstehen, wie die Gefahren durch internationale Konflik-

te und Kriege um Ressourcen und Lebensraum in noch nicht absehbarem Umfang wachsen werden.

## Der Umkehrpunkt ist jetzt erreicht

Die Autoren der Studie sehen durchaus die Möglichkeit, dass die Menschheit noch die Möglichkeit hat, die Klimakatastrophe in ihren schlimmsten Auswirkungen abzuwenden. Doch die Zeit drängt. Bis 2020 müssen wirksame Maßnahmen ergriffen werden, die nicht nur den $CO_2$-Ausstoß des Verkehrs vermindern. Der ist „nur" für rund 14 Prozent der Treibhausgasemissionen verantwortlich, freilich mit stei wachsender Tendenz. Allein beim Flugverkehr ist der $CO_2$-Ausstoß um mehr als 80 Prozent in den letzten 15 Jahren gestiegen. Die anderen Hauptquellen von Treibhausgasen sind Brandrodung, Gebäudeheizungen, der Betrieb von Kraftwerken, Landwirtschaft und Industrie.

Die Verteilung der $CO_2$-Emissionen auf die wichtigsten Erzeugerquellen sieht weltweit folgendermaßen aus: Kraftwerke erzeugen 24 Prozent, Brandrodung trägt zu 18 Prozent bei, Landwirtschaft und Industrie sind für jeweils 14 Prozent verantwortlich, weitere 14 Prozent entstammen dem Verkehr und 8 Prozent ent-

**Alternativen wie Windkraft liefern bis 2050 maximal 30 Prozent der notwendigen Energie.**

fallen auf die Heizenergie. Die Verteilung der Ursachen für die Entstehung von Treibhausgasen fällt naturgemäß in einzelnen Weltregionen oder gar Ländern ganz unterschiedlich aus. So ist in Europa das Problem der Brandrodung kaum relevant, dafür entfallen auf die Emission von Kraftwerken größere Anteile.

Bei den Verursachern herrscht ein klares Gefälle zwischen Industrienationen und Schwellenländern, beziehungsweise Ländern der dritten Welt. Amerikaner, die rund 5 Prozent der Weltbevölkerung stellen, produzieren mit knapp 7 Milliarden Tonnen $CO_2$ rund 23 Prozent des weltweiten Emissionsaufkommens. 82.310.000 Bundesbürger (Stand Dezember 2006) erzeugen mit knapp einer Milliarde Tonnen fast 50 Prozent des Kohlendioxids, das 1.096.352.000 Inder (Stand Juli 2006) mit 1,884 Milliarden Tonnen $CO_2$ hervorbringen.

Diese Relationen werden sich künftig deutlich verschieben. Die Wachstumsprognosen für die $CO_2$-Produktion bis 2025 sehen bei den Europäern einen Anstieg um 11 Prozent, in den USA einen um 39 Prozent, in Indien jedoch um 95 und in China gar um 145 Prozent voraus. Schon heute stehen die Chinesen mit knapp 5 Milliarden Tonnen $CO_2$ auf dem zweiten Platz dieser beängstigenden $CO_2$-Charts.

Einen Anteil von 420 ppm $CO_2$ in der Atmosphäre sieht die Wissenschaft als kritischen Wert an. Bei einem aktuellen Stand von 383 ppm und einem jährlichen Anstieg um 2,5 ppm kann sich auch der Laie den verbleibenden Zeitrahmen einfach errechnen.

Die ökonomischen Konsequenzen der Klimaveränderung stellte 2006 der englische Wissenschaftler und Ökonom Sir Nicholas Stern in den Mittelpunkt einer 616 Seiten starken Studie. Der Chefökonom und Vizepräsident der Weltbank stellt unter anderem fest: „Die wissenschaftliche Beweislage ist eindeutig. Der Klimawandel ist eine ernste globale Bedrohung, die eine umgehende globale Reaktion erfordert." Die Studie beziffert die Schäden, die durch den Klimawandel entstehen, ohne dass Gegenmaßnahmen ergriffen werden, auf

mindestens 5 Prozent des weltweiten Bruttosozialprodukts. Je nach Betrachtung des Spektrums von Risiken und Folgen können jährliche Schäden in Höhe von bis zu 20 Prozent des weltweiten Bruttosozialprodukts entstehen. In Euro und Cent bezifferte der 60-Jährige eine solche Schadenssumme auf 5,5 Billionen.

Die für die dringend gebotene Senkung der Treibhausgasemissionen notwendigen Maßnahmen erfordern nach aktuellen Schätzungen die unvorstellbare Investitionssumme von 16 Billionen Dollar, eine Zahl mit zwölf Nullen. Dieser Betrag relativiert sich jedoch, wenn man ihn gegen die Schäden aufrechnet, die die Klimaveränderungen verursachen werden. Dabei handelt es sich nur um materielle Schäden – die Zahl der menschlichen Opfer, die eine nachhaltige Veränderung des Klimas fordern wird, lässt sich gar nicht erfassen. Verteilt auf den Zeitraum bis 2030 entspricht diese Summe weniger als 5 Prozent der weltweiten Wirtschaftsleistungen.

Auf der anderen Seite bieten moderne Umwelttechnologien ein enormes wirtschaftliches Wachstumspotenzial. Prognosen für das jährliche Umsatzvolumen dieses Wirtschaftszweigs für 2050 bewegen sich in der Region von 550 Milliarden Dollar.

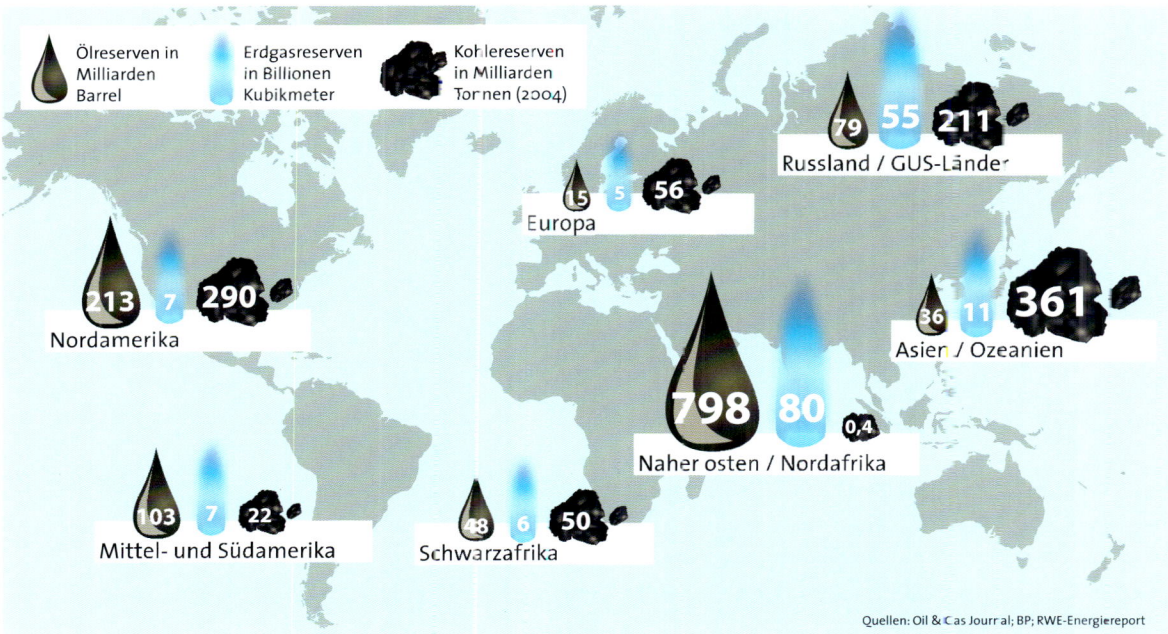

Ölreserven in Milliarden Barrel

Erdgasreserven in Billionen Kubikmeter

Kohlereserven in Milliarden Tonnen (2004)

79 55 211
Russland / GUS-Länder

15 5 56
Europa

213 7 290
Nordamerika

36 11 361
Asien / Ozeanien

798 80 0,4
Naher osten / Nordafrika

103 7 22
Mittel- und Südamerika

48 6 50
Schwarzafrika

Quellen: Oil & Gas Journal; BP; RWE-Energiereport

## Begrenzte Ressourcen

Die drastische Reduzierung beim Kraftstoffverbrauch von Fahrzeugen ist jedoch nicht nur aus Gründen des Klima- und Umweltschutzes eine zwingende Erfordernis. Auch der begrenzte Vorrat des fossilen Brennstoffs diktiert diese Notwendigkeit.

Nach heutigen Erkenntnissen steht Erdöl noch bis 2040 in großen Mengen zur Verfügung. Bis zu diesem Zeitpunkt sind keine nennenswerten Einbußen bei der Förderung zu erwarten. Ab 2040 ist jedoch mit einer Abnahme der Erdölfördermengen zu rechnen. Der aktuelle Öldurst der Menschheit beträgt täglich rund 83 Millionen Barrel. Bis 2030 wird sich der Bedarf an dem fossilen Energiedrink auf rund 110 Millionen Barrel pro Tag erhöhen.

Zwar steigt bis dahin der Anteil an regenerativen Energieträgern wie Photovoltaik, Windkraft, Biokraftstoffen und Wasserstoff an der gesamten Energieversorgung deutlich an. Doch wird dieser Anstieg allenfalls dazu dienen, das Wachstum beim Einsatz fossiler Brennstoffe etwas abzuflachen. Die Einheit, mit der sich der weltweite Energiehunger als illustrative Zahl

darstellen lässt, ist das „Exajoule". Es beschreibt die Energiemenge, die in 34,12 Millionen Tonnen Steinkohleinheiten gebunden ist. Eine Steinkohleeinheit bezeichnet die Menge Energie, die das Verbrennen eines Kilos Steinkohle freisetzt.

Um 1950 hatte der weltweite Energiebedarf erstmals die Menge von 100 Exajoule überschritten. Die frühen Sechziger knackten die Grenze von 200 Exajoule. Mitte der Neunziger verbrauchten die Menschen 400 Exajoule. Bis 2010 ist die 600er-Grenze in Sicht und für 2050 steht die Prognose auf rund 900 Exajoule. Das bedeutet eine Steigerung von 500 Prozent innerhalb eines Jahrhunderts. Der Beitrag, den erneuerbare Energien dazu leisten können, steigt von rund 12 Prozent im Jahr 2010 auf 30 Prozent anno 2050.

Energie ist das treibende Element der Globalisierung und Erdöl laut dem amerikanischen Energiefachmann Daniel Yergin „die treibende Kraft der Industriegesellschaften und das Lebensblut für Zivilisationen". Das begrenzte Angebot aller fossiler Energieträger sieht sich einer stetig wachsenden Nachfrage gegenüber. Damit gewinnt jede Technologie, die die Einsparung

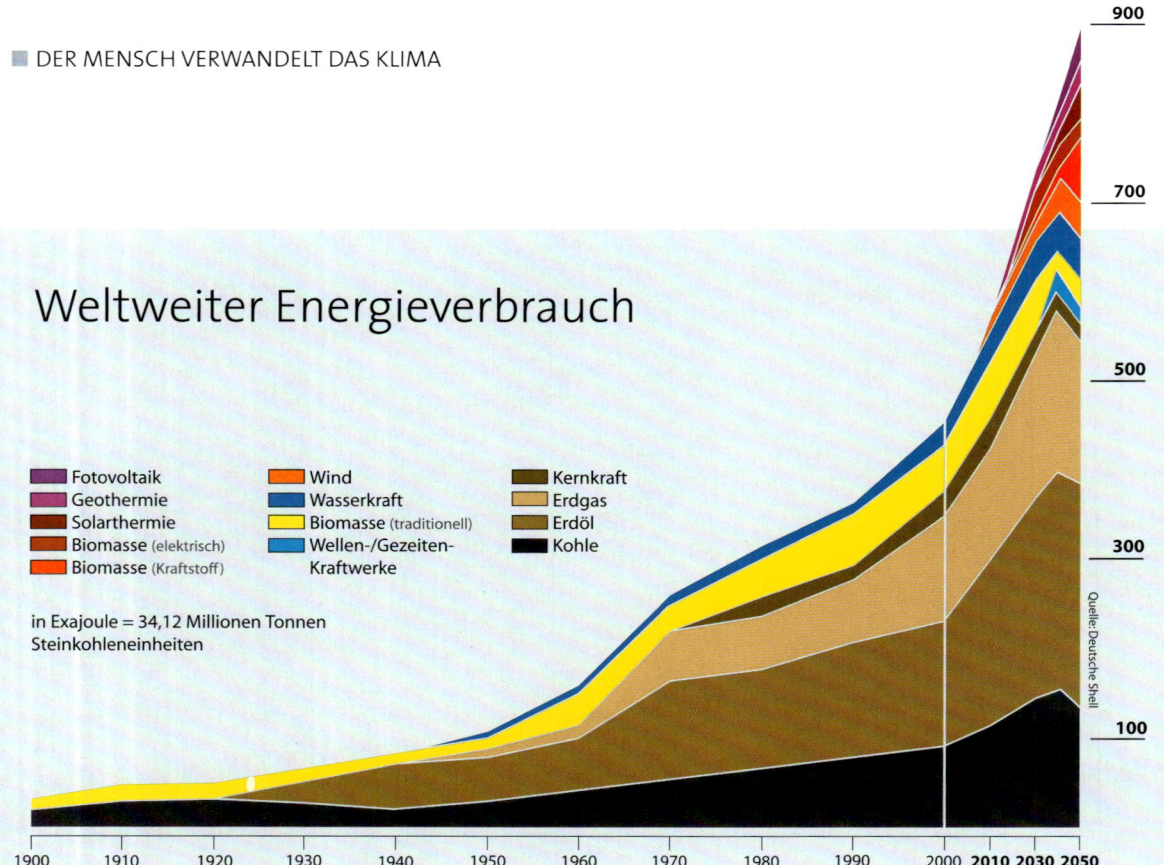

## Weltweiter Energieverbrauch

**Legende:**
- ■ Fotovoltaik
- ■ Geothermie
- ■ Solarthermie
- ■ Biomasse (elektrisch)
- ■ Biomasse (Kraftstoff)
- ■ Wind
- ■ Wasserkraft
- ■ Biomasse (traditionell)
- ■ Wellen-/Gezeiten-Kraftwerke
- ■ Kernkraft
- ■ Erdgas
- ■ Erdöl
- ■ Kohle

in Exajoule = 34,12 Millionen Tonnen
Steinkohleneinheiten

Quelle: Deutsche Shell

dieser Energieträger fördert, neben der ökologischen auch eine ökonomische und politische Bedeutung.

Zur Verschärfung der Rahmenbedingungen auf dem Energiemarkt tragen im Wesentlichen zwei Faktoren bei. China mit 1,314 Milliarden Einwohnern (Stand Juli 2006) und Indien haben sich zu boomenden Volkswirtschaften entwickelt. Mit ihren insgesamt mehr als 2,3 Milliarden Bewohnern bieten die beiden Länder mehr als sieben Mal so viele Menschen auf, wie in den Vereinigten Staaten leben (300,9 Millionen, Stand Januar 2007) und knapp fünf Mal so viele wie in der Europäischen Union (492,2 Millionen, Stand Januar 2007). Die Ökonomien Chinas und Indiens haben einen explosionsartig wachsenden Energiebedarf. Beide Länder verfügen selbst jedoch nicht über ausreichende Ressourcen, so dass sie als Konkurrenten im Kampf um die letzten Energiereserven immer größere Bedeutung gewinnen. Vom Konkurrenzdruck der starken wie gleichermaßen rohstoffarmen Volkswirtschaft Japans aus der gleichen Weltregion ganz abgesehen.

Der andere Faktor, der den Druck auf den Energiemarkt vor allem politisch anheizt, liegt in der ungleichen Ver-

**Von 1950 bis 2050 steigt der weltweite Bedarf an Energie um 900 Prozent. Bis zu 80 Prozent des Verkehrs rollt in Ballungszentren.**

teilung der Ressourcen. Die größten Reserven an Erdöl lagern im Nahen Osten. Die geschätzten 800 Milliarden Barrel (ein Barrel, englisch für „Fass", entspricht 159 Litern), die unter den überwiegenden Wüstenflächen der Region schlummern, sind mehr als die doppelte Menge, über die der gesamte Rest der Welt verfügt. Dass der Nahe Osten nicht nur die Tankstelle der Welt, sondern auch die mit Abstand politisch instabilste Region ist, unterstreicht die Bedeutung der politischen Komponente des globalen Energiehaushalts. Dabei resultiert diese politische Instabilität nicht nur aus den lokalen Konflikten wie zwischen Israel und seinen arabischen Nachbarstaaten, oder dem irakischen Bürgerkrieg. Die Brisanz der Situation ergibt sich nicht zuletzt dadurch, dass die Vereinigten Staaten als größter Energiekonsument aktiv in die Auseinandersetzungen involviert sind.

Die politische Entwicklung der letzten Jahre nährt keine Hoffnung auf eine Deeskalation in der Region. Im Gegenteil. Der Energiekunde (USA/Westen) tritt zur Wahrung seiner wirtschaftlichen Interessen gegenüber dem Energieverkäufer (Nahoststaaten) so offensiv und unmissverständlich auf, dass aus dem eigentlich politisch-ökonomischen Konflikt ein Krieg der Kulturen und Religionen zu werden droht.

Neben dem hell lodernden zentralen Konfliktherd Naher Osten, entfacht die globale Energiepolitik bereits jetzt neue Brandnester und Schwelbrände in Weltregionen, die politisch noch nicht im Fokus allgemeiner Beachtung stehen. Südamerika, aus Sicht der derzeitigen amerikanischen Administration nichts weiter als der „Hinterhof der USA", emanzipiert sich. Die Auflehnung gegen die USA und den „American Way of Life" manifestiert sich in wachsenden Erfolgen linkssozialistischer Parteien bei lokalen Wahlen. In Venezuela etwa kam 1998 der Linkspopulist Hugo Chávez an die Macht, ein glühender Anhänger des südamerikanischen Freiheitsidols Simon Bolivar (1783-1830, führte Venezuela, Kolumbien, Panama, Ecuador, Peru und Bolivien aus der spanischen Kolonialherrschaft in die staatliche Unabhängigkeit) und des sozialistischen Führers Kubas, Fidel Castro. Der 1954 geborene Chávez genießt die Macht aus demokratischer Legitimation und 80 Milliarden Barrel Rohöl unter seiner Heimat an der südamerikanischen Nordküste und schöpft daraus das Selbstbewusstsein, andere Führer des Subkontinents in ihrer Auflehnung gegen den großen Rivalen aus dem Norden zu bestärken. Mit kernigen Aussprüchen wie „George W. Bush ist der größte Terrorist auf Erden, seine Regierung ist die perverseste, mörderischste und unmoralischste der Geschichte" unterstreicht Chávez, dass er keine Scheu vor Konflikten hat – und legt überdies offen, dass die USA derzeit über keinerlei Konzepte verfügen, solchen Anfeindungen politisch zu begegnen. Siehe die Reaktion des früheren amerikanischen Verteidigungsministers Donald Rumsfeld, dem nicht Anderes einfiel, als den venezolanischen Präsidenten mit Adolf Hitler und dem kambodschanischen Politschlächter Pol Pot zu vergleichen.

## DIE DÄMMERUNG DER ERDÖL-FÖRDERUNG ZEICHNET SICH AB. AB 2040 WERDEN DIE FÖRDERMENGEN SPÜRBAR SINKEN

China betreibt seine expansive Industrie- und damit Energiepolitik mit kaum verhohlener Aggressivität. Dass dieser Politik das Potenzial innewohnt, auf einen direkten Konfrontationskurs mit den Vereinigten Staaten hin zu steuern, stört die Machthaber in Peking nicht. Wenn es ums Öl geht, schrecken die Chinesen schon heute vor keinem Diktator oder undemokratischen System als Handelspartner zurück. Dazu gehört Ilcham Alijew. Der korrupte Herrscher Aserbaidschans lenkt von der Hauptstadt Baku aus sowohl die brutale Unterdrückung seines Volkes wie den Fluss der Dollarmilliarden für das Öl seines Landes in undurchsichtige Taschen, von denen die eigene die größte ist. Oder Sarparmurad Nijasow. Er regiert das rohstoffreiche Turkmenistan. Der Personenkult, mit dem der 65-jährige Autokrat sein Volk drangsaliert, lässt Nordkoreas Diktator Kim Jong-Il wie ein introvertiertes Mauerblümchen erscheinen. 90 Prozent der Energieeinnahmen seines Landes leitet der „Turkmenbaschi" („Vater aller Turkmenen") auf Konten von Fonds, auf die nur er Zugriff hat. Um die reichen Ölquellen im Süden des Sudan ausbeuten zu können, verhinderten die Chinesen UNO-Sanktionen gegen das muslimische Regime, das in der Region Darfur systematisch Milizen zum Völkermord aufhetzt. China bezieht bereits 5 Prozent seines Öls aus dem Sudan. Aus dem Iran sind es bereits 13 Prozent. Obwohl dessen unberechenbarer Präsident Achmadinedschad mit dem iranischen Atomprogramm die Welt und vor allem die USA bis an den Rand eines bewaffneten Konflikts provoziert, schlossen die kommunistischen Chinesen mit dem Mullahstaat einen Liefervertrag über 30 Jahre ab.

Ungeachtet der Entwicklung des Weltklimas, der politischen Situation und der Strategien der Energiewirt-

## Entwicklung des Fahrzeugbestands weltweit

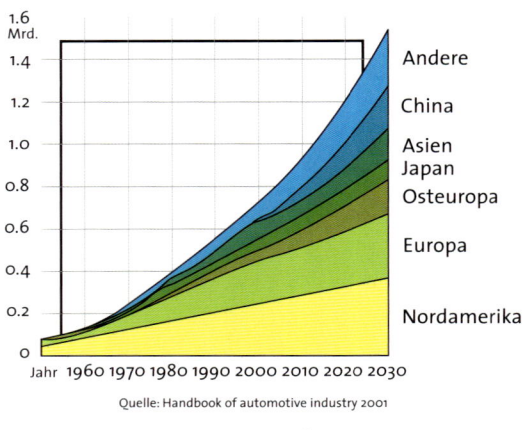

Quelle: Handbook of automotive industry 2001

## Anteilige Verkehrsleistung auf deutschen Straßen

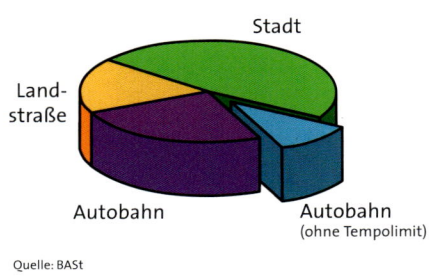

Quelle: BASt

**Die Zahl der Autos wird in den kommenden Jahren weltweit deutlich ansteigen.**

schaft wird sich die Zahl der Automobile künftig kräftig erhöhen. Derzeit liegt der weltweite Bestand an Fahrzeugen bei rund 800 Millionen, die sich auf eine Weltbevölkerung von sechs Milliarden Menschen verteilen. Bis 2020 erreicht der weltweite Fahrzeugbestand die Grenze von 1,2 Milliarden. Das bedeutet, dass bis zum kritischen Datum für das Weltklima in 13 Jahren die Zahl der Autos global um 50 Prozent zunehmen wird. Nach Ansicht des WBCSD (World Business Council for Substainable Development) wird sich der heutige Bestand bis 2050 auf rund 2,4 Milliarden Fahrzeuge etwa verdreifachen. Bis zur Mitte des Jahrhunderts wird ein Wachstum der Weltbevölkerung auf neun Milliarden Menschen kalkuliert. Zum Wachstum des Fahrzeugbestands tragen in erster Linie aufstrebende Wirtschaftszonen wie China, Indien, Asien, generell aber auch Lateinamerika oder Russland bei. Die traditionellen Automärkte Europa und USA werden keine signifikanten Steigerungen der Fahrzeugzahlen mehr erreichen. In Deutschland oder in den Vereinigten Staaten ist bereits heute praktisch auf jeden Führerscheinbesitzer statistisch ein Fahrzeug zugelassen.

Strategien zur Entwicklung neuer Technologien und Potenziale für Verbesserungen zu finden, wie sie beispielsweise Toyota und zunehmend andere führende Automobilhersteller mit der Konzentration auf den Hybridantrieb verfolgen, basieren unter anderem auf der Analyse der aktuellen Lage bei der Verkehrssituation und den Antworten auf die Frage: Wie differenziert sich der Individualverkehr?

Die Analysen zeigen, dass der überwiegende Teil der Weltbevölkerung in Ballungsgebieten lebt. 2006 waren erstmals in der Geschichte der Menschheit mehr Menschen reine Städter als Landbewohner. Kommen Agglomerationen wie das Ruhrgebiet in Deutschland oder die Großräume der Megastädte wie Tokio, Shanghai, New York oder London mit in die Betrachtung, verschiebt sich der wesentliche Anteil des menschlichen Lebensraums noch deutlicher in Richtung Ballungsraum. In Europa sind es 72,7 Prozent, in Südamerika 75 Prozent, in den USA 79 Prozent. In China, Indien und Japan liegt der Anteil der Bevölkerung in Ballungszentren noch höher. Ballungszentren auf der ganzen Welt

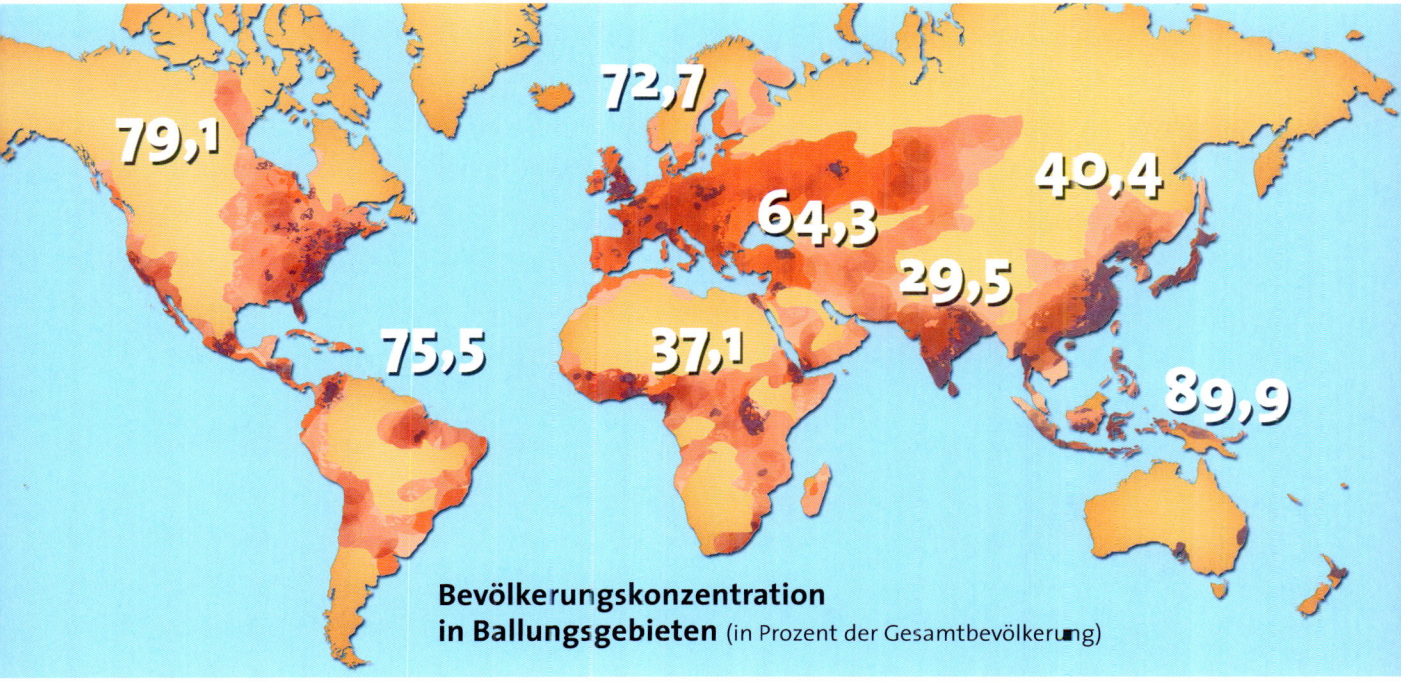

79,1

72,7

40,4

64,3

29,5

75,5

37,1

89,9

**Bevölkerungskonzentration in Ballungsgebieten** (in Prozent der Gesamtbevölkerung)

bedeuten jedoch dichten Verkehr, Staus sowie Fortbewegung mit geringen Geschwindigkeiten. Zugleich überwiegen dort Fahrten über kurze Distanzen.

Rund 20 Prozent der $CO_2$-Emissionen in der EU entstehen im Verkehrssektor, besonders durch die Nutzung von privaten Autos im städtischen Bereich. Daten der Bundesanstalt für Straßenwesen zeigen, dass beinahe die Hälfte der gesamten Jahresfahrleistung auf Deutschlands Straßen im Stadtbereich erbracht wird. Nur rund ein Drittel findet auf Autobahnen statt, der Rest auf Landstraßen, somit ein Großteil auf geschwindigkeitsbegrenzten Strecken. Nur rund 10 Prozent des Verkehrsaufkommens entsteht auf Autobahnen ohne Tempolimit, was wiederum nicht gleichzusetzen ist mit grundlegend unbegrenzten Geschwindigkeiten und eine Alleinstellung Deutschlands weltweit darstellt. Auch in anderen Ländern überwiegt die Fahrzeugnutzung im Bereich der Kurzstrecke. 60 Prozent aller amerikanischen Autofahrer legen pro Tag maximal 25 Kilometer zurück. 82 Prozent fahren weniger als 40 Kilometer.

Anlässlich des „World Mobility Forums" 2006 stellte Karin Roth, parlamentarische Staatssekretärin im Bundesministerium für Verkehr, Bau und Stadtentwicklung fest: „Auf 10 Prozent aller europäischen Hauptverkehrsstraßen treten täglich massive Verkehrsbehinderungen auf."

Doch gerade im Stadtverkehr oder in Stausituationen ist der Wirkungsgrad von Motoren besonders schlecht, weil einerseits im Leerlauf die im Kraftstoff gebundene chemische Energie nutzlos verbrennt. Andererseits kostet häufiges Beschleunigen viel Energie, die dann beim Abbremsen ungenutzt verloren geht. In diesen vorherrschenden Verkehrssituationen erweist sich die derzeit zu beobachtende allgemeine Leistungssteigerung bei Pkw-Motoren als besonders kontraproduktiv.

Aus der Gesamtbetrachtung der hier nur angerissenen Rahmenbedingungen durch Umwelt, Wirtschaft, Politik und Bevölkerungsentwicklung resultiert die Bedeutung des Hybridantriebs für die Zukunft des Individualverkehrs.

# Die Geschichte des Hybridantriebs

Der Minotaurus aus der
griechischen Mythologie
war von menschlicher
Gestalt mit dem Kopf ei-
nes Stiers.

## Sagen, Sodomie und Selkies

„Minos, der Sohn des Zeus, der jedoch auf dem vom
Meer umgebenen Kreta wohnte, bat den Meeresgott
Poseidon, ihm zu seiner Königswürde Tribut zu zollen.
Poseidon ließ daraufhin einen Stier aus dem Meer stei-
gen, unter der Bedingung, dass Minos ihn dann wieder opfern sollte. Kretas König brachte das jedoch nicht
über das Herz und ließ den Taurus am Leben. Poseidon
erzürnte und verfluchte die Frau des Minos, Pysiphae,
die sich daraufhin in den Stier verliebte. Sie ließ sich
von Daidalos eine hölzerne Kuh bauen, um sich mit
dem Stier zu vereinen. Aus dieser Vereinigung ging der
Minotaurus hervor, eine Gestalt mit einem menschlichen Körper und dem Kopf eines Stiers." – Die Vernich-
tung des monströsen Zwitterwesens, das sich von ge-
opferten Jungfrauen und Jünglingen aus dem tribut-
pflichtigen Athen ernährte, durch den Helden Theseus
ist eine andere Geschichte. Nicht die des Hybrids, die
an dieser Stelle erzählt werden soll.

Seinen Beitrag zur Hybridgeschichte darf das sodomi-
tische Beziehungsmonster nur deshalb leisten, weil es

Vermischte Gegenstände I.

Melanges. I.

DAS „BACHKALB" WAR EIN GROSSES KALB MIT SCHARFEN ZÄHNEN UND SCHUPPIGEM FELL, DAS IN DER REGION UM DAS HEUTIGE AACHEN SEIN UNWESEN GETRIEBEN HABEN SOLL

ein Zwitterwesen aus Mensch und Tier und damit ein klassischer Hybrid ist. Hybrid bezeichnet jedes aus unterschiedlichen Arten, Komponenten oder Prozessen zusammengesetzte Ganze. Das Besondere an Hybriden ist, dass die kombinierten Elemente, einzeln für sich genommen, bereits eine funktionelle, eigenständige Lösung darstellen. Die Kombination bildet jedoch eine neue Einheit mit erwünschten Eigenschaften.

Die Idee vom Hybrid ist so alt wie die Menschheit. Mischwesen beschäftigten den Homo sapiens bereits zu einer Zeit, als noch die Cromagnon-Stirnfalte das menschliche Schönheitsideal prägte, wie die ältesten steinzeitlichen Darstellungen und Malereien in Höhlen belegen. Sie zeigen nicht nur Menschen und Tiere, sondern auch so genannte anthropozoomorphe Mischwesen oder Chimären aus Mensch und Tier.

Der Wunsch des Menschen, seine körperlichen Defizite mit herausragenden Eigenschaften aus dem Tierreich zu kompensieren, bescherte den Hybriden eine Karriere in Mythologien, die sich in fast allen Kulturkreisen niederschlägt. Neben dem griechischen Minotaurus oder dem aus Pferdeleib und menschlichem Oberkörper bestehenden Zentaur, finden sich in Ägypten ab dem zweiten vorchristlichen Jahrtausend die von Phönikern, Hethitern und Assyrern übernommenen Sphinxen. Die menschlichen Köpfe auf dem Körper eines Löwen bildeten in den überlieferten Darstellungen meistens einen Pharao ab. Die Römer beteten Faunus, den „Wolfsgott", an oder verehrten Satyrn, die Genossen des Bacchus, des

Gottes der Fruchtbarkeit und Ekstase. Ein Satyr mit Ziegenschwänzchen oder Pferdeschweif zeichnete sich durch besonders animalische Lüsternheit aus.

In der japanischen Mythologie und im Shintoismus spielt der „Oni" eine wichtige Rolle, der gerne als große, hässliche Kreatur mit Klauen, wildem Haar und zwei Hörnern dargestellt wird. Auf den Orkney-Inseln und in Nordschottland erzählt man sich von Selkies, die als Robben an Land kommen, sich in Menschen verwandeln und als Selkie-Frauen unbeschreiblich schön sind. Bis ins Mittelalter beflügeln Hybridwesen die Phantasie der Mythen wie Meerjungfrauen oder das „Bahkauv". Das althochdeutsche „Bachkalb" war ein großes Kalb mit scharfen Zähnen und schuppigem Fell, das in der Region um das heutige Aachen sein Unwesen getrieben haben soll. Der „Aufhocker" schreckte nächtens betrunkene Männer auf dem Heimweg, indem er ihnen auf die Schulter sprang, um sich tragen zu lassen. Das führte zu schwerem, unsicherem Gang und langen Umwegen. Nur mit neuerlichem Trinken, Spielen, Zechen und Fluchen, machte sich das Bachkalb auf den Schultern leicht...

### Ein interdisziplinäres Phänomen

Hybride sind menschliche Erfindungen und damit ein Ausdruck menschlicher Schöpfungskraft. In den unterschiedlichsten Lebensbereichen, Disziplinen und tech-

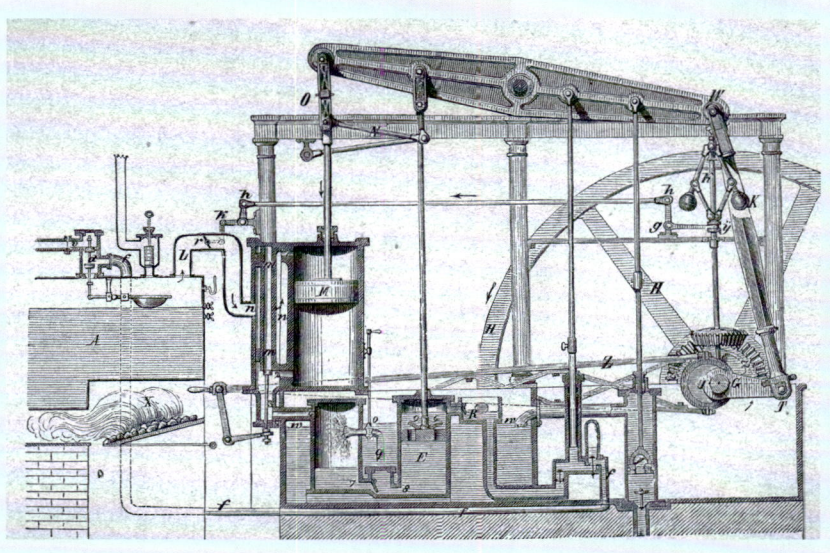

James Watt (1736-1819) erfand 1769 den Antrieb eines Schwungrades durch die Dampfmaschine und damit der ersten Energiespeicher.

nischen Lösungen. Bereits die Sumerer züchteten Maultiere, eine Mischung aus Pferdestute und Eselshengst. Die Tiere, die die Kraft eines Pferdes mit der Genügsamkeit und der Ausdauer eines Esels verbinden, dienten später Griechen und Römern, verbreiteten sich ab dem Mittelalter auf allen Kontinenten und sind bis heute im Einsatz. Als Lasttiere bei den Gebirgsjägern der Bundeswehr beispielsweise.

Generell versteht die Biologie unter Hybriden pflanzliche oder tierische Lebewesen, die aus verschiedenen Zuchtlinien, Rassen oder Arten hervorgegangen sind. Im Bereich von Technik und Naturwissenschaft begann die Karriere der Hybride im 18. Jahrhundert. In der Technik bezeichnet Hybrid ein System, das zwei unterschiedliche Technologien miteinander verbindet. Hybrid-Systeme finden sich in den unterschiedlichsten Disziplinen, von der Molekularbiologie über die Chemie bis hin zur Physik. Die Sprachwissenschaft bezeichnet mit Hybrid ein Fremdwort, das sich aus Begriffen verschiedener Sprachen zusammensetzt ((z. B. Lokalanästhesie: Locus (lat.: Ort), an (griech.: nicht), Ästhesie (griech.: Gefühl)).

**Das Maultier als Hybrid verbindet die Ausdauer und Genügsamkeit eines Esels mit der Kraft eines Pferdes.**

In der Antriebstechnik beginnt die Geschichte des Hybridantriebs mit der Erfindung der Dampfmaschine. Die hatte übrigens nicht James Watt (1736-1819), sondern 1712 der Engländer Thomas Newcomen zum Abpumpen von Wasser aus einem Bergwerk erfunden. Watts Verdienst besteht in der entscheidenden Verbesserung der Dampfmaschine, die ihm 1769 gelang. Seine wichtigste Erfindung war das nach ihm benannte „Wattsche Parallelogramm". Das Maschinenelement erlaubt den Antrieb eines Schwungrads, das als Energiespeicher dient und somit einen ersten Hybridantrieb bildete. Das Schwungrad ermöglicht in Ver-

Die „Great Eastern" war 1857 mit 200 Metern Länge und einem Gewicht von 30.000 Tonnen das größte Schiff des 19. Jahrhunderts. Segel und Dampfmaschine bildeten den Hybridantrieb.

Isambard Kingdom Brunel (1806-1859) vor der Ankerkette der „Great Eastern".

bindung mit stationären Dampf- oder Verbrennungsmaschinen den Einsatz von relativ kleinen Motoren. Die im Schwungrad gespeicherte Energie verhindert in Phasen hoher Leistungsaufnahme wie beim Einschalten den Einbruch der Leistung oder der Drehzahl. Dampfmaschine und Schwungrad verbanden sich perfekt zum ersten Hybridantrieb der Geschichte.

## Die Erfolgsstraße des Hybrids ist auch von Irrtümern gesäumt

Hybride als Antriebstechnik boten sich zuerst für die Schifffahrt an. Mit Dampfmaschinen ließ sich die prinzipielle Schwäche von Segelschiffen, bei Flaute über keinen Antrieb zu verfügen, wirksam kompensieren. Im 19. Jahrhundert explodierte die technische Entwicklung dieser Antriebstechnik förmlich. Sie gipfelte 1857 im Bau der „Great Eastern", einem 200 Meter langen Schiff mit Segeln und einem 10.000 PS starken Dampfantrieb. Der eiserne Rumpf wog mehr als 30.000 Tonnen, sein Materialbedarf brachte den Weltmarkt für

Gusseisen ins Wanken. Drei Millionen Nieten hielten ihn zusammen. Die „Great Eastern" sollte 4000 Passagiere befördern. Obwohl ihr Erbauer Isambard Kingdom Brunel (1806-1859) einer der fähigsten englischen Architekten und Ingenieure jener Zeit war, belegte das Projekt eindrucksvoll, dass auch die Erfolg versprechendste Technik zum Scheitern verurteilt ist, wenn sie ihrer Zeit zu weit voraus eilt und in kein aktuelles logistisches Umfeld passt. Multiple Havarien, Unfälle, Brände und Explosionen mit Todesopfern waren die Folge der Unbeherrschbarkeit von Größe und neuartiger Technik. 1865 verscherbelten die Eigner der „Great Eastern" das Schiff zum Gegenwert von fünf Prozent ihrer ursprünglichen Baukosten in Höhe von 500.000 Pfund. Zum Kabelleger umgebaut, durfte die „Great Eastern" doch noch Geschichte schreiben: Sie verlegte das erste transatlantische Kabel von Europa nach Amerika. Die Perfektionierung der Dampftechnik verurteilte diese Form des Hybridantriebs in der Schifffahrt zum technischen Irrweg. Vorerst. Im Zuge der ersten Ölkrise 1973 versuchten Schiffbauer, den Segelantrieb in der konventionellen Frachtschifffahrt mit dem Motorantrieb zu kombinieren. In den Acht-

zigern rüstete eine japanische Reederei 17 Frachter mit Hilfssegeln aus Aluminium aus. Mit einer computergesteuerten Ausrichtung halfen sie bis zu 30 Prozent Kraftstoffkosten sparen. Derzeit laufen auf der Ostsee Versuche, Frachtschiffe mit einem Lenkdrachen auszustatten, dessen 5000 Quadratmeter großes Segel aus hochreißfesten Textilien in 100 Metern Höhe zur Einsparung von bis zu 50 Prozent des Treibstoffbedarfs beitragen kann. Die Systeme der Firma Sky-Sails statten 2007 die ersten Frachtschiffe, Fischtrawler und Superyachten mit 320 Quadratmeter großen Pilotsystemen aus. 2008 folgen kommerzielle Systeme, die es ermöglichen, die Treibstoffkosten eines Frachters von 87 Metern Länge um bis zu 280.000 Euro im Jahr zu senken.

Ein jüngerer Zweig der Schifffahrt konnte sich gerade durch die Verwendung von Hybridantrieben erst zur vollen Blüte entfalten. Die Erfindung von Dampfmaschine, Akkumulator, Otto- und Elektromotor beflügelte im 19. Jahrhundert die Entwicklung von U-Booten. 1515 hatte Leonardo da Vinci (1442-1519) bereits auf dem Reißbrett das erste Einmann-Tauchboot skizziert.

Die Firma „SkySails" will Frachtschiffe mit modernen Segelsystemen ausstatten.

1515 HATTE LEONARDO DA VINCI (1442-1519) BEREITS AUF DEM REISSBRETT DAS ERSTE EINMANN-TAUCHBOOT SKIZZIERT

105 Jahre später ließ der niederländische Erfinder Cornelis Jacobzoon Drebbel (1572-1633) das erste manövrierbare Tauchboot zu Wasser. Als erstes richtiges U-Boot ging die „Turtle" des Amerikaners David Bushnell (1740-1824) in die Geschichte der Seefahrt ein. Die Konstruktion aus Eisen und Eichenholz aus dem Jahr 1776 ließ sich über Schrauben per Handkurbeln antreiben.

Die französische Marine ließ 1899 das erste moderne U-Boot bauen. Die 34 Meter lange „Narval" verfügte bei ihrer Indienststellung 1900 über eine Dampfmaschine mit 220 PS, die während der maximal 10 Knoten (19 km/h) schnellen Überwasserfahrt die Batterien auflud. Für die Unterwasserfahrt stand ein 80 PS starker Elektromotor zur Verfügung, der das Boot mit seinen 13 Mann Besatzung 5 Knoten schnell und 107 Kilometer weit tauchen ließ.

Der strategische Wert einer U-Boot-Flotte sorgte im ersten Weltkrieg sowohl bei der englischen wie deutschen Flotte für ernüchternde Erfahrungen, weil die Leistungsfähigkeit des Antriebs noch zu wünschen übrig ließ. Die Entwicklung der Hybridtechnik zwischen den Kriegen verwandelte die U-Boote im zweiten Weltkrieg zu einer gefürchteten Waffe. Alleine die deutsche Kriegsmarine ließ mehr als 700 Boote des Typs „VII" bauen. In der letzten Entwicklungsstufe verfügten die 73,6 Meter langen Boote über einen dieselelektrischen Antrieb mit 3200 PS starkem Dieselmotor und einem 750 PS starken Elektroantrieb. Während die Reichweite

über Wasser bei einer Geschwindigkeit von 10 Knoten (19 km/h) stattliche 7932 Seemeilen (14.700 Kilometer) betrug, konnten die Boote bei 4 Knoten 40 Seemeilen (74 Kilometer) weit tauchen. Deutsche, Engländer und Italiener setzten ihre U-Boot-Flotten mit großem Erfolg, aber auch mit nicht minder großen Verlusten ein.

Ebenso Amerikaner und Japaner auf dem pazifischen Kriegsschauplatz. Japanische Ingenieure hatten dabei das größte und innovativste U-Boot seiner Zeit entwickelt. Die zwei fertig gestellten Boote der „Sen Toku"-Klasse waren 121,9 Meter lang und verdrängten getaucht 6500 Tonnen. Vier Dieselantriebe erzeugten 7500 PS, die beiden Elektromotoren 2400 PS. Die beiden fertig gestellten Boote „400-i" und „401-i" verfügten über eine Reichweite von schier unglaublichen 69.500 Kilometern. Die Boote transportierten drei Flugzeuge vom Typ Aichi M6A1 „Seiran", die vom Bug über ein Katapult gestartet werden konnten. Zum Einsatz kamen die Boote in der Endphase des Krieges, wo sie wichtige strategische Ziele der Amerikaner wie den Panamakanal angreifen sollten, jedoch nicht.

Das weltweit derzeit modernste nicht atomgetriebene U-Boot ist der Typ „U 212 A". Die deutsche Bundesmarine stellte zwischen 2004 und 2006 drei der rund 500 Millionen Euro teuren Boote in Dienst. Ihr Hybridantrieb, der in den Nordseewerken in Emden entstand, umfasst einen Dieselmotor mit 1432 PS, neun Brennstoffzellenmodule mit insgesamt 416 PS Leistung und

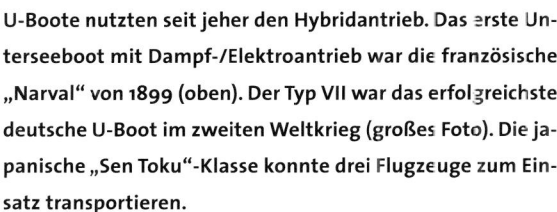

U-Boote nutzten seit jeher den Hybridantrieb. Das erste Un-
terseeboot mit Dampf-/Elektroantrieb war die französische
„Narval" von 1899 (oben). Der Typ VII war das erfolgreichste
deutsche U-Boot im zweiten Weltkrieg (großes Foto). Die japanische „Sen Toku"-Klasse konnte drei Flugzeuge zum Einsatz transportieren.

**Die Convair B-36 war der größte Bomber aller Zeiten. Sechs Kolbenmotoren und vier Düsentriebwerke sorgten für den Antrieb.**

einen 2318 PS starken Elektromotor. Die 56 Meter langen Boote können sich unter Wasser drei Wochen lang vollkommen lautlos bewegen.

In der Luftfahrt dagegen erwies sich der Hybridantrieb schnell als technische Sackgasse. Ab 1941 forderte das US-Militär einen leistungsfähigen Langstreckenbomber, der Deutschland von Amerika aus erreichen konnte, falls es den Deutschen gelingen sollte, England und damit die Basen für die alliierten Bomberflotten zu besetzen. Die Firma Convair setzte den Entwicklungsauftrag jedoch erst nach dem Krieg um. Im August 1946 startete die B-36, angetrieben von den sechs stärksten Kolbenmotoren, die je gebaut wurden (je 28 Zylinder, Doppelzündung, 71,25 Liter Hubraum, 4300 PS bei 2700/min und 1755 Kilo Gewicht), zum Erstflug. Um Leistung und Geschwindigkeit des größten Bombers aller Zeiten mit einer Länge von 49,4 und einer Spannweite von 70,1 Metern als strategischer Atombomber im Kalten Krieg zu steigern, ergänzten ab 1949 vier Düsentriebwerke mit je 23,14 Kilonewton (kN) Schubkraft (rund 9000 PS) den Antrieb. Die mechanische Komplexität, die daraus resultierende Anfälligkeit und der enorme Wartungsaufwand stoppten das Bauprogramm der „Peacemaker" bereits 1954 und überließen die 384 Exem-

**In den Fünfzigern sollte auf Basis der Diesellokomotive V 220 eine Atomlok entstehen.**

plare der Flotte bis 1959 der Verschrottung. In der Luftfahrt siegte der erheblich leistungsfähigere Düsenantrieb über den Hybrid. Auch Experimente mit einem Atomreaktor (!) als Antriebsenergielieferant einer modifizierten B-36 blieben zwischen 1956 und 1957 bereits in der Phase von Messflügen stecken.

Lokomotiven mit atomelektrischem Antrieb kamen gleichfalls nie über das Stadium eines Gedankenspiels hinaus. Mitte der Fünfziger erwog Krauss-Maffei den Bau einer 35 Meter langen Atomlokomotive, deren Design stark mit jenem der populären Diesellok vom Typ V 220 verwandt war.

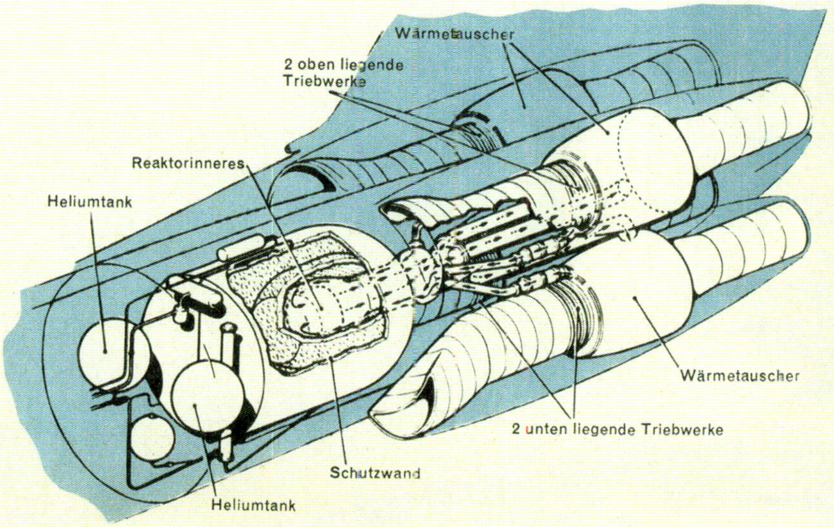

Convair baute 1956 eine
B-36 als Versuchsträger
für den Hybridantr eb
mit einem Atomreaktor
um. Er absolvierte lecig-
lich einige Messflüge.

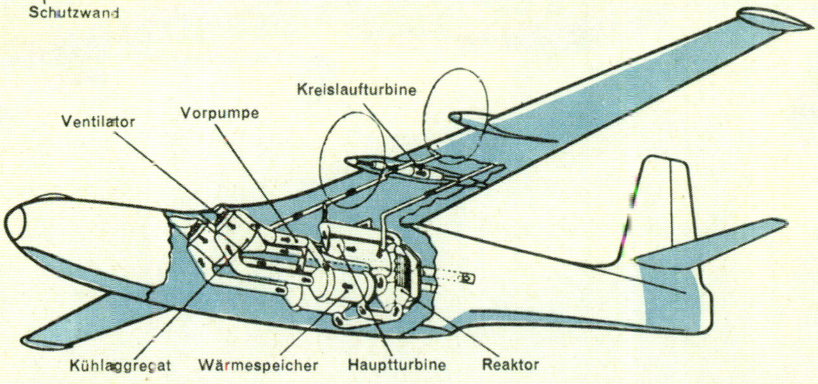

Wärmetauscher

2 oben liegende
Triebwerke

Reaktorinneres

Heliumtank

Wärmetauscher

2 unten liegende Triebwerke

Schutzwand

Heliumtank

Kreislaufturbine

Ventilator     Vorpumpe

Kühlaggregat    Wärmespeicher    Hauptturbine    Reaktor

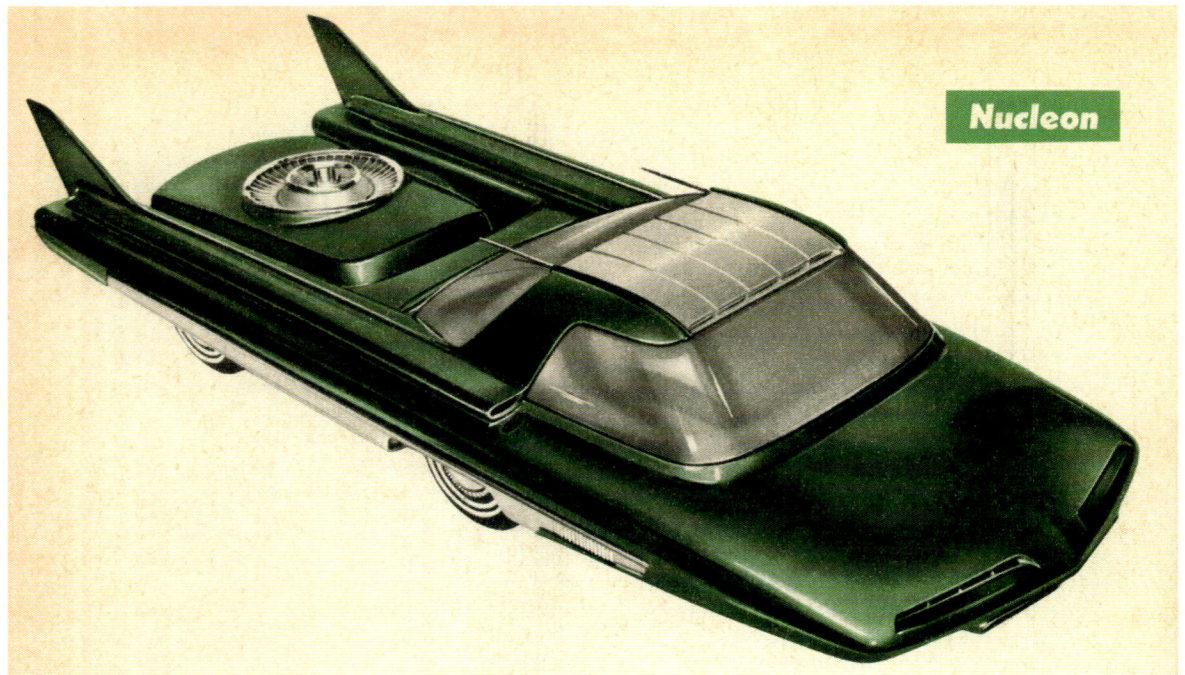

Bei Automobilen illustriert neben zahlreichen anderen Konzepten vor allem der Ford „Nucleon" die Atom-Euphorie der Fünfziger. Der Nucleon sollte zwischen den beiden Hinterrädern einen kleinen Kernreaktor tragen, dessen Füllung für 5000 Meilen (8000 Kilometer) Reichweite ausreichen sollte. Diese automobile Innovation kam jedoch nicht über ein Modell im Maßstab 3:8 hinaus.

Außer in U-Booten wurden und werden dieselelektrische Hybridantriebe vor allem bei Lokomotiven eingesetzt. In Amerika leiteten Loks mit dieselelektrischem Antrieb ab 1939 die Ablösung der Dampflokomotiven ein. Bei nicht elektrifizierten Streckenlokomotiven ist der dieselelektrische Antrieb heute weltweit Standard. Moderne dieselelektrische Lokomotiven verfügen über eine Antriebsleistung von über 6000 PS, die Reisegeschwindigkeiten von bis zu 240 km/h ermöglichen. Auf der Schiene rollen seit Ende 2005 in Deutschland die ersten Hybridfahrzeuge, die auf den Gleisen eines Straßenbahnnetzes mit 600 Volt Gleichstrom fahren und auf nicht elektrifizierten Nebenstrecken auf Dieselgeneratoren umschalten. Im

Frühjahr 2007 begann die East Japan Railway mit Versuchsfahrten zwischen Nagano und Yamanashi mit dem ersten Zug, dessen Hybridantrieb Elektromotoren mit einer Brennstoffzelle kombiniert.

## Versuch und Irrtum auch in der Fahrzeugtechnik

In der Antriebstechnik für Fahrzeuge schien bereits früh die Kombination aus Verbrennungsmotor und Elektroantrieb zumindest theoretisch viel versprechend zu sein. Bei dieser Form des Hybridantriebs kann der Verbrennungsmotor in einem günstigen Wirkungsbereich arbeiten, die überschüssige Antriebsleistung lässt sich über einen Generator als Energie in einer Batterie speichern. Während der Verbrennungsmotor sein optimales Drehmoment erst ab einer gewissen Drehzahl bietet, stellt ein Elektromotor bereits beim Anfahren sein maximales Drehmoment zur Verfügung. Die Kombination beider Motoren verspricht somit beim Anfahren eine bessere Beschleunigung.

**Ab 1939 lösten in den USA Loko-
motiven mit einem dieselelektrischen Antrieb die Dampflokomotiven ab.**

**Auch bei modernen Diesellokо-
motiven kommen diesel-elektri-
sche Antriebe zum Einsatz. Sie
leisten bis zu 6000 PS.**

Das grundlegende Problem jeder Hybridtechnik besteht jedoch darin, dass sie nicht nur die Vorteile von zwei verschiedenen Antriebstechniken kombiniert, sondern dass sich dabei auch die Nachteile, die jeder technischen Lösung inne wohnen, addieren. In der Verbindung von Verbrennungs- und Elektromotor waren dies in den Kindertagen des Automobils Gewicht, geringe Leistungsfähigkeit und Haltbarkeit des Stromspeichers sowie die Steuerung der Antriebselemente. Die ersten Versuche mit einem Hybridantrieb in Fahrzeugen zeigten schnell die Grenzen, die aus diesen Nachteilen erwuchsen.

Noch zu Beginn des 20. Jahrhunderts hatte sich der Verbrennungsmotor keineswegs uneingeschränkt als Antriebsquelle für Automobile durchgesetzt. Am 29. Januar 1886 hatte der 42-jährige Konstrukteur Carl Benz (1844-1929) ein Patent für das erste Fahrzeug mit Verbrennungsmotor erhalten. Als Antrieb des „Patent-Motorwagens" diente ein Einzylinder mit 0,88 PS. Der Viertaktmotor, auf den Nikolaus August Otto 1877 das Patent erhalten hatte, galt noch lange als anfällig, schwach und wartungsintensiv. Bis zur Jahrhundert-

wende bewährten sich Elektro- und Dampfantrieb als gleichwertige Alternativen in Fahrzeugen. In den USA stellte Locomobile 1901 1500 dampfgetriebene Autos her. Oldsmobile als seinerzeit erfolgreichster Produzent von Automobilen mit Verbrennungsmotor schaffte 425 Fahrzeuge. Zwischen 1898 und 1902 schraubten Elektroautos den Geschwindigkeits-Weltrekord für motorisierte Fahrzeuge von 63,2 auf 145 km/h.

Ferdinand Porsche, der 1896 als 21-Jähriger den elektrischen Radnabenmotor erfunden hatte, entwickelte für die k. u. k. Hofwagenfabrik Ludwig Lohner in Wien 1900 das erste Auto der Welt mit Allradantrieb. Die vier Elektromotoren lieferten maximal 7 PS pro Rad. Die Batterie mit 44 Zellen leistete 300 Amperestunden und lieferte eine Spannung von 80 Volt. Das reichte für 50 km/h Spitze und eine Reichweite von rund 50 Kilometern. Allerdings sorgten die Akkus für ein Gesamtgewicht von rund 1800 Kilo, obwohl das Auto keine Kraftübertragung benötigte.

Zwei Jahre später übernahm Porsche das von der belgischen Firma Pieper entwickelte System „Mixte", das

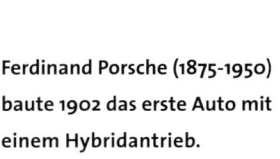

Carl Benz (1844-1929) erhielt am 29. Januar 1886 das Patent auf das erste Fahrzeug mit Verbrennungsmotor.

Ferdinand Porsche (1875-1950) baute 1902 das erste Auto mit einem Hybridantrieb.

Benzinmotor, Akku und Generator miteinander kombinierte. Beim Lohner-Porsche von 1902 besorgte ein Benzinmotor mit gleich bleibender Drehzahl die Aufladung des Akkus durch einen Generator. Die Akkus lieferten die Energie für die beiden Radnabenmotoren an den Vorderrädern. Der technische Aufwand und das Gewicht verhinderten einen Durchbruch des frühen Hybridantriebs. Porsche hegte übrigens bis in späte Lebensjahre eine unglückliche Liebe zu diesem Konzept, dem er im zweiten Weltkrieg als Panzerantrieb zum Durchbruch verhelfen wollte. 1942 ließ er 100 Panzerfahrgestelle mit benzinelektrischem Antrieb produzieren, die jedoch als technische Grundlage für den „Tiger I" wegen mangelnder Leistung und technischer Komplexität abgelehnt wurden. Im daraufhin entwickelten und in einer Auflage von 90 Exemplaren gebauten Panzerjäger „Ferdinand" schoben 620 PS des dieselelektrischen Antriebs die 65 Tonnen Gewicht des Panzers mit maximal 15 km/h mühsam durch das Gelände. Die „Ferdinand" reüssierten als unzuverlässigste Panzer der Wehrmacht, die weit mehr auf Grund von Defekten und unabsichtlicher Sprengung durch die eigene Besatzung ausfielen als durch gegnerische Einwirkung. Bis zu 4000 Liter Benzin für 100 Kilometer im Gelände verbrannte der benzinelektrische Antrieb in Porsches Superpanzer „Maus" von 1944. Es

blieb bei zwei Prototypen, weil Materialknappheit und fehlende Nutzungsmöglichkeiten das 190-Tonnen-Ungetüm im Sammelbecken technischer Monströsitäten und Irrtümer versenkten.

## Ein Antrieb für das 21. Jahrhundert

Mit der Entwicklung von Hybridantrieben für Autos beschäftigten sich verschiedene Hersteller ab Anfang der 70er-Jahre. Bei General Motors entstand 1972 ein Hybridauto auf Basis des Buick Skylark. Zu den Pionieren, die mit dem Hybridantrieb experimentierten, gehörte auch Toyota. 1975 stellte das Unternehmen seine erste Studie mit Hybridantrieb im Rahmen der Tokyo Motorshow vor. Zu diesem Zeitpunkt experimentierte Toyota noch mit einer Gasturbine als Verbrennungsmotor. Als Basis diente der Toyota Century. Die Arbeiten an dem Century GT45 (GT = Gas Turbine) hatten bereits 1971 begonnen. Die Turbine, deren Betrieb Kerosin erforderte, beschleunigte den Century GT45 auf 160 km/h. Im reinen Batteriebetrieb konnten 120 km/h erreicht werden. Das Basisfahrzeug, den Century, hatte Toyota erstmals 1967 vorgestellt. Die Limousine der Luxusklasse war das erste japanische Auto mit

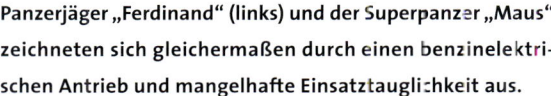

Panzerjäger „Ferdinand" (links) und der Superpanzer „Maus"
zeichneten sich gleichermaßen durch einen benzinelektri-
schen Antrieb und mangelhafte Einsatztauglichkeit aus.

einem V8-Triebwerk, das 150 PS leistete, und ist bis
heute ausschließlich dem japanischen Markt für re-
präsentative Zwecke vorbehalten. Im Gegensatz zu den
üblichen Modellzyklen von vier Jahren, erlebte der Century erst 1997 seinen bislang einzigen Modellwechsel.

Seit 1971 betrieb Toyota mit dem Gasturbiner-Hybrid-
antrieb auch eine Reihe von Omnibussen. Der S 800
Sports, der als erster Sportwagen von Toyota zwischen
1964 und 1969 eine Auflage von 3550 Exemplaren erreicht hatte, diente 1977 als Basis für den zweiten Versuchsträger mit Gasturbinen-Hybridantrieb. Für den
Vortrieb der Serienversion hatte ein Zweizylinder-Bo-
xermotor mit 790 Kubikzentimetern gesorgt, dessen
45 PS den nur 580 Kilo schweren und 3,5 Meter langen Sportler auf 155 km/h beschleunigten. Danach beendete Toyota die Entwicklungsarbeiten an der Gasturbine.

Die Gasturbine erwies sich technisch als ähnliche Sackgasse wie der Kreiskolben- oder Wankelmotor. Der
nach seinem Erfinder Felix Wankel (1902-1988) benannte Motor setzt die Verbrennungsenergie ohne
den Umweg einer Hubbewegung direkt in eine Drehbewegung um. Diese Eigenschaft sowie das niedrige
Gewicht, das kompakte Bauvolumen und die geringe

Toyotas erste Modelle mit Hybridantrieb waren der Century
GT45 (oben) und der 800 GT.

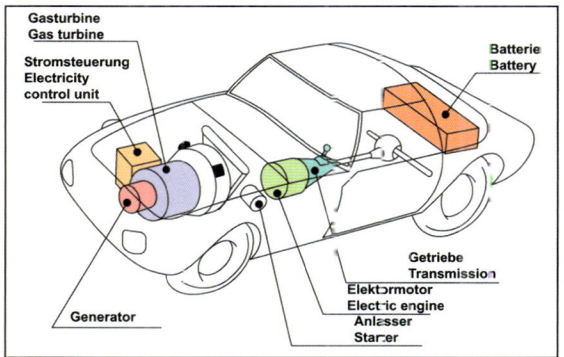

**Felix Wankel (1902-1988) erfand den Kreiskolbenmotor.**

**1989 baute Audi auf Basis des 100 Avant quattro seinen ersten Prototyp mit Hybridantrieb.**

Zahl bewegter Teile sorgten nach der Vorstellung des ersten serienreifen Motors am 19. Januar 1960 im Deutschen Museum zu München für eine regelrechte Euphorie in den Entwicklungsabteilungen der weltweiten Autohersteller. Zu den Lizenznehmern zählten Mercedes-Benz, General Motors, Mazda und Toyota. Technische Probleme im Bereich der Dichtungen konnten noch beseitigt werden. Doch der hohe Verbrauch und die Verschärfung der Abgasnormen ab 1972 in den USA waren technisch nicht zufrieden stellend lösbar, so dass sich mit Ausnahme von Mazda alle Hersteller vom Kreiskolbenmotor wieder verabschiedeten.

Mercedes-Benz stellte 1982 einen Hybridprototyp vor, 1989 baute Audi ebenfalls einen namens „duo" auf Basis eines Audi 100 Avant Quattro. Für den Hybridantrieb kombinierten die Entwickler einen 2,3-Liter-Reihenfünfzylinder (136 PS) mit einem 13-PS-Elektromotor. Als Energiespeicher diente eine Nickel-Cadmium-Batterie. Im April 1997 präsentierte Audi den weiter entwickelten „duo" auf Basis des A4. Der „duo" war somit das erste serienmäßig angebotene Hybridfahrzeug, das für 60.000 Mark in der offiziellen Preisliste

stand. Der Antrieb des „duo" kombinierte einen 90 PS starken Diesel mit einem 29 PS starken Elektromotor und einem Batteriesatz mit rund 10 Kilowatt Leistung. Zum Zeitpunkt der Präsentation spürten Autokunden weder schmerzlichen Preisdruck beim Kraftstoff noch Handlungsbedarf für den Klimaschutz. Wegen der geringen Nachfrage stoppte Audi die Produktion des „duo" bereits 1998. Mangels einer langfristigen Strategie zog sich Audi vorübergehend aus der Hybridtechnik wieder zurück.

Eine fundierte und langfristige Strategie ist jedoch die Voraussetzung für einen Automobilhersteller, die Entwicklung einer neuen Antriebsalternative zu marktreifen, attraktiven und konkurrenzfähigen Produkten über einen langen Zeitraum und mit hohem Investitionsaufwand zu betreiben. Die dafür erforderlichen Voraussetzungen erleichtert das japanische Wirtschaftssystem beziehungsweise die ökonomische Orientierung börsennotierter Unternehmen. Sie unterscheidet sich grundsätzlich von der europäischer oder gar amerikanischer Aktiengesellschaften.

Diese AGs, zu denen alle wichtigen Automobilproduzenten gehören, sind natürlich weltweit gewinnorientiert ausgerichtet. In Europa und Amerika ist diese Gewinnorientierung jedoch wesentlich kurzfristiger angelegt und richtet sich nach dem Zyklus von Jahres- oder gar Quartalsergebnissen. Dies kommt vordergründig den Interessen von Anlegern entgegen, behindert jedoch die Entwicklung langfristiger Strategien.

Kein Vorstandsvorsitzender eines europäischen oder amerikanischen Autokonzerns würde eine investitionsintensive Entscheidung treffen, von der vielleicht erst sein übernächster Nachfolger in 20 Jahren profitieren könnte. Der Mangel an mittel- und langfristig zukunftsfähigen Strategien für ihre Produktplanung hat vor allem die amerikanischen Autohersteller aktuell in die schwerste Krise ihrer Geschichte geführt.

Das Spitzenmanagement eines japanischen Unternehmens wie Toyota sieht seine vordringliche Aufgabe darin, weit in die Zukunft zu blicken. Die Herausforderung lautet: Wir sind heute der profitabelste Autobauer der Welt. Was müssen wir tun und welche Weichen müssen wir möglichst bald stellen, um auch in zwei Jahrzehnten mit Automobilen profitabel zu wirtschaften.

Mit den dazu erforderlichen Überlegungen für das 21. Jahrhundert begann das Management von Toyota Anfang der 90er-Jahre des letzten Jahrhunderts in einer Phase größten wirtschaftlichen Erfolgs. Die daraus resultierende Entstehungsgeschichte des Prius 1 zeigt dabei nicht alleine den Weg eines Autobauers zu einer

neuen technischen Lösung auf. Sie beleuchtet auch die Entwicklung von Strategien bei Toyota, die langfristig die Zukunft des Unternehmens sichern.

Bis Ende der 80er-Jahre des letzten Jahrhunderts hatte das japanische Wirtschaftssystem eine Dynamik gewonnen und eine Erfolgsgeschichte geschrieben, dass in den westlichen Industrienationen, einschließlich der USA, die Stimmung von einer ursprünglichen Bewunderung für die ökonomische Kompetenz des Landes in schiere Angst vor der scheinbar unerschöpflichen und unschlagbaren Wirtschaftskraft umgeschlagen war. Die Söhne Nippons, so die wörtliche Übersetzung von „Land der aufgehenden Sonne", schienen als Samurai im Geiste unbeirrt den „Weg des Schwertes" (bushido) mit den Mitteln der Wirtschaft zu beschreiten.

Toyota war zu diesem Zeitpunkt so erfolgreich wie noch nie zuvor in seiner Geschichte. Doch die Verantwortlichen wussten, dass der Boom seinen Zenit erreicht hatte. Sie lagen mit dieser Einschätzung vollkommen richtig. Schließlich stand auch der japanischen Wirtschaft zum Kochen nur Wasser zur Verfügung. Das japanische Erfolgsmodell hatte sich zunehmend von Wert schöpfender Produktivität zur riskanten Spekulation verlagert. Den rapide ansteigenden Kapitalbedarf sicherten Immobilienwerte ab, die zum großen Teil absurd überbewertet waren. Diese „Seifenblasen-Wirtschaft" platzte 1990 und sorgte für eines der größten wirtschaftlichen Beben seit dem berüchtigten „Schwarzen Freitag" an der New Yorker Wall Street, der eigentlich am Donnerstag, den 25. Oktober 1929, stattgefunden hatte. Damals kollabierte die amerikanische Börse und das Bankenwesen, was zu einer weltweiten Wirtschaftskrise führte.

An der japanischen Börse fiel der „Nikkei-Index" 1990 innerhalb eines halben Jahres von über 40.000 auf 24.000 Punkte. Toyota setzte einmal mehr sein erstes Firmenprinzip um: „Gründen Sie Ihre Managemententscheidungen auf eine langfristige Philosophie, selbst wenn dies zu Lasten kurzfristiger Gewinnziele führen sollte." Yoshiro Kimbara, zu diesem Zeitpunkt verantwortlich für Forschung und Entwicklung bei Toyota, setzte diese Aufforderung durch die Erfindung von „Global 21" um. Der Name war gleichzeitig Programm: Anforderungen für Autos des 21. Jahrhunderts zu definieren.

Als Grundlage für den Aufbruch in das 21. Jahrhundert hatte das Toyota Management zu Beginn der Neunziger die „New Earth Charter" formuliert. Diese Charta umreißt die künftige Grundlagenpolitik des Unternehmens und das Regelwerk für künftiges Vorgehen und Verhalten. Jeweils vier Thesen definieren die Ausrichtung. So heißt es unter anderem für die Grundsatzpolitik: „1. Beiträge für eine blühende Gesellschaft im 21. Jahrhundert: Zu den Interessen einer blühenden Gesellschaft im 21. Jahrhundert beitragen, die auf ein Wachstum ausgerichtet ist, das sich in Harmonie mit der Umwelt befindet und die Herausforderung annehmen, die Durchführung aller Aktivitäten so auszurichten, dass keine Emissionen entstehen." Weitere wichtige Thesen der New Earth Charter sind die Verpflichtung, im Bereich des Umweltschutzes freiwillig mehr zu leisten als eine Gesetzgebung fordert und die un-

ternehmerischen Aktivitäten auf eine breite Basis der Zusammenarbeit mit legislativen Organen, Organisationen sowie anderen Unternehmen zu stellen.

Aus der New Earth Charter keimte als erster bescheidener Anfang eine Leitlinie für „Global 21": Entgegen dem allgemeinen Trend zu immer größeren und stärkeren und damit durstigeren Autos, einen Benzin sparenden Kleinwagen zu entwickeln.

Risuke Kubochi, Chefingenieur der sportlichen Celica Baureihe, empfahl sich für die Lösung der Aufgabe durch seinen Ruf, aggressiv, wenig verbindlich, aber dafür fest entschlossen zu sein, jede angefangene Aufgabe zu lösen. Er bildete ein Team von zehn Managern. Dieses Team unterstand direkt einem hochrangigen Ausschuss aus Mitgliedern des Vorstands, das den informellen Titel „kenjikai" („Komitee weiser Männer") trug und gewährleistete, das das Projekt von Beginn an die Unterstützung der höchsten Ebene genoss.

G21 wurde ursprünglich nicht als konkretes Projekt für ein Hybridfahrzeug konzipiert. Es definierte vielmehr zwei Ziele:

- Entwicklung einer neuen Fertigungsmethode für Autos des 21. Jahrhunderts
- Erforschung neuer Entwicklungsmethoden für Autos des 21. Jahrhunderts

Das Team war mit der ersten Aufgabe konfrontiert, die Größe eines Fahrzeugs zu minimieren bei gleichzeitiger Maximierung des Platzangebots im Innenraum. Die Obergrenze für den Kraftstoffverbrauch orientierte sich an dem damals aktuellen Corolla, der rund 8 Liter auf 100 Kilometer benötigte. Das entspricht 13 Kilometern pro Liter. Dieser Verbrauchswert sollte auf 20 Kilometer pro Liter reduziert werden.

Das Team nahm im September 1993 seine Arbeit auf. Es bekam drei Monate Zeit, ein Konzept zu entwickeln und zu präsentieren. Natürlich war der Zeitrahmen zu eng gefasst, einen Prototyp zu entwerfen, doch die Mannschaft wollte mehr als nur Ideen vorstellen. Sie

# New Toyota Earth Charter

## *Implementing Consolidated Environmental Management*

### Basic Policy

**I. Contribution toward a prosperous 21st century society**

In order to contribute toward a prosperous 21st century society, aim for growth that is in harmony with the environment, and challenge achievement of zero emissions throughout all areas of business activities.

**II. Pursuit of environmental technologies**

Pursue all possible environmental technologies, developing and establishing new technologies to enable the environment and economy to coexist harmoniously.

**III. Voluntary actions**

Develop a voluntary improvement plan, not only based on thorough preventive measures and compliance to laws, but that addresses environmental issues on the global, national, and regional scales, and promotes continuous implementation.

**IV. Working in cooperation with society**

Build close and cooperative relationships with a wide spectrum of individuals and organizations involved in environmental preservation including governments, local municipalities, as well as with related companies and industries.

### Action Guidelines

**1. Always be concerned about the environment**

Challenge achieving zero emissions at all stages, i.e., production, utilization, and disposal.

- Develop and provide products with top-level environmental performance
- Pursuit of production activities that do not generate waste
- Implement thorough preventive measures
- Promote businesses that contribute toward environmental improvement

**2. Business partners are partners in creating a better environment**

Cooperating with associated companies.

**3. As a member of society**

Actively participate in social actions.
- Participate in creation of cyclic society
- Support environmental government policies
- Contribute also to non-profit activities

**4. Toward better understanding**

Actively disclose information and promote environmental awareness

**TOYOTA**

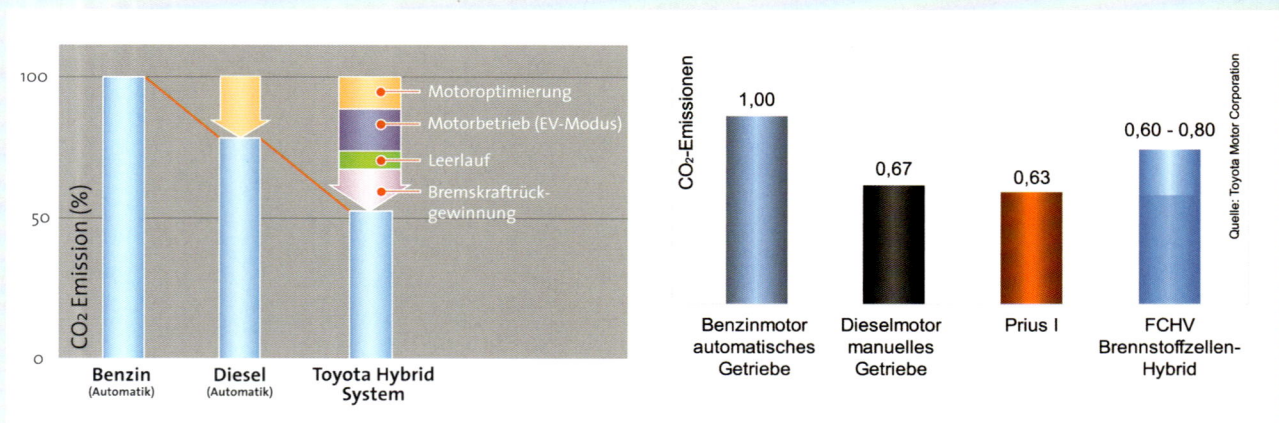

Der Hybridantrieb weist ein hohes Potenzial zur Reduzierung der CO$_2$-Emissionen auf.

Toyotas Hybrid-Prototyp sollte den Verbrauch des Corolla von 1990 (rechts) von 13 auf 20 Kilometer pro Liter verbessern.

schaffte den Entwurf eines künftigen Fahrzeugs, das die gewünschten Anforderungen erfüllen sollte.

Mit 32 Jahren musste Saheshi Ogiso eine Führungsrolle bei der Vorstellung des Projekts übernehmen, das er bis zur Serienreife des späteren Prius begleitete. Er präsentierte ein noch namenloses Fahrzeugkonzept mit fünf wesentlichen Eigenschaften. Ein geräumiger Innenraum durch die Maximierung des Radstands. Eine hohe Sitzposition sollte den bequemen Ein- und Ausstieg gewährleisten. Die aerodynamisch optimierte Karosserie verfügte mit einer Höhe von 1500 Millimetern über das Format eines Minivans. Der Benzinverbrauch lag bei maximal 5 Litern auf 100 Kilometern. Für den Antrieb sollte ein kleiner, liegend eingebauter Benzinmotor sorgen. Um den Spritverbrauch durch die Kraftübertragung weiter spürbar zu reduzieren, war der Einsatz eines stufenlosen CVT-Getriebes (Continuously Variable Transmission) geplant.

## Neue Köpfe für neues Denken

Um die ungewöhnliche Herausforderung zu stemmen, die vollständig neue Denkansätze für Lösungen beim Produkt, seiner Entwicklung und der Fertigung erforderte, brachen die Verantwortlichen des Unternehmens zuerst die konventionellen Personalstrukturen auf und gingen bei der Besetzung der verantwortlichen Posten für die Durchführung dieser Aufgabe neue Wege.

Aus dem Pool der Entwicklungsabteilung von Toyota mit 12.000 Ingenieuren und 22 Chefingenieuren rekrutierten sie als Verantwortlichen für das Projekt Takeshi Uchiyamada. Der Testingenieur war kein Spezialist für Fahrzeugdesign und -entwicklung und hatte nie den Ehrgeiz gezeigt, den Posten eines Chefentwicklers zu erobern. Für G21 empfahl er sich als Leiter der größten Umstrukturierungsmaßnahme, die Toyota bis da-

hin erlebt hatte. Sie umfasste die Umwandlung der „Toyota Produktentwicklungsorganisation" zum so genannten „Fahrzeugentwicklungszentrum".

Das Prinzip „Neues Denken durch neue Köpfe" zu entwickeln, zeigte Wirkung. Ushiyamada sorgte für den erforderlichen kreativen Input und kam zudem mit Zeitvorgaben für Entwicklungsschritte zurecht, die nur mit dem Attribut „extrem anspruchsvoll" bezeichnet werden konnten. Für die detaillerte Ausarbeitung des Entwurfs standen gerade Mal sechs Monate zur Verfügung.

Takeshi Ushiyamadas Vorgehen setzte nicht nur Zeichen, das Prinzip hat bis heute in der Entwicklungsarbeit von Toyota seine Gültigkeit behalten. Er ignorierte den bis dahin üblichen Schritt, die festgesetzte Frist für den Bau eines Prototyps zu nutzen. Ushiyamada hatte erkannt, dass seine Mitarbeiter sich im Rest der

verbleibenden Entwicklungszeit verlieren würden, um die Detailvorgaben eines Prototyps umzusetzen, statt nach der wirklich besten konzeptionellen Lösung zu suchen. Deshalb forderte er die Untersuchung verschiedener Alternativen, um daraus die beste Lösung zu ermitteln, auf der die Entscheidungen für die weitere Entwicklung basieren konnte. Diese Vorgehensweise entsprach dem Credo: „Treffen Sie Ihre Entscheidung mit Bedacht und nach dem Konsensprinzip. Wägen Sie alle Alternativen sorgfätig ab und setzen Sie die getroffene Entscheidung zügig um".

Brainstorming statt Fixierung auf vordergründige technische Aspekte stand für das Team auf dem Programm. Die Köpfe rauchten bis zwei Begriffe übrig blieben, die an oberster Stelle für alle künftigen Entwicklungen des Projekts stehen sollten – „natürliche Ressourcen" und „Umwelt". Nach diesen Begriffen richtete sich die weitere Entwicklung des Fahrzeugs,

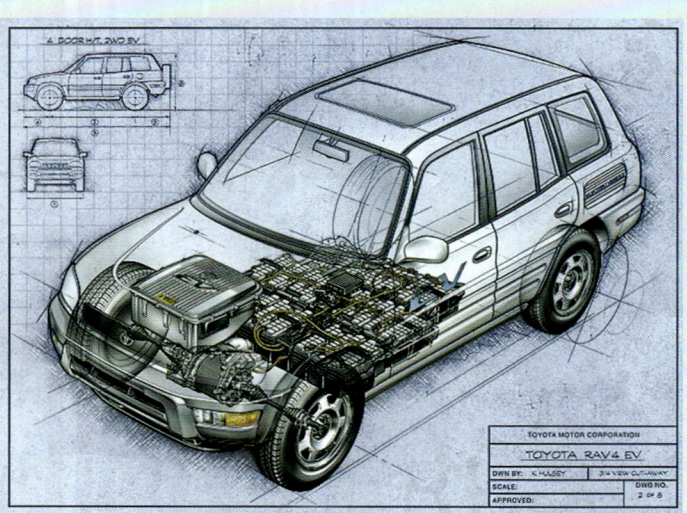

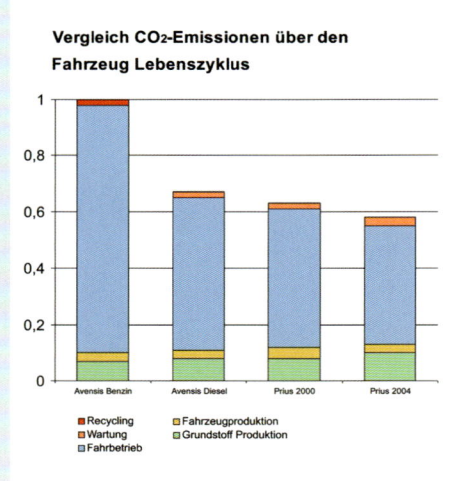

Vergleich CO₂-Emissionen über den Fahrzeug Lebenszyklus

**Erfahrungen mit Elektroantrieben hatte Toyota bei dem RAV4 EV gesammelt.**

dessen Eckdaten ja feststanden. Die Untersuchungen auf technischer Seite umfassten alle bekannten Antriebskonzepte. Unter den Aspekten „Umwelt" und „natürliche Ressourcen" kristallisierte sich der Hybridantrieb heraus. Die Konzepte waren jedoch nicht alleine der Forderung nach bestmöglicher Verbrauchsreduzierung geschuldet. Toyota klopfte sie auch auf die Schonung natürlicher Ressourcen und die Umweltbelastung in den Bereichen Entwicklung, Erprobung, Fertigung und Entsorgung ab. Auch unter Berücksichtigung all dieser Parameter erwies sich letztendlich der Hybridantrieb als zukunftsorientierteste technische Lösung.

Wenn auch die Entwicklung der Klimaänderung, die der UNO-Klimabericht 2007 aufzeichnete, in ihrer Dramatik zu diesem Zeitpunkt noch nicht absehbar war, waren die Verantwortlichen bei Toyota am Anfang der Entwicklung des Prius zu der Überzeugung gelangt, dass „die Klimaveränderung, die der Ausstoß des Klimagases $CO_2$ hervor ruft, das zentrale Thema für das 21. Jahrhundert sein wird".

Warum eigentlich Hybrid- und nicht gleich Elektroantrieb? Der würde im Betrieb gar kein Benzin verbrauchen und dementsprechend nicht zur $CO_2$-Belastung der Atmosphäre beitragen. Im Gegensatz zum Hybridauto, das für die Energieversorgung das bestehende Tankstellennetz nutzen kann, wäre für Elektroautos eine eigene Infrastruktur zur Energieversorgung erforderlich gewesen. Akzeptable Reichweiten hätten Batteriesätze mit nicht akzeptablem Gewicht erfordert. Und schließlich entsteht der Strom für die Steckdose in Kraftwerken, die im Wesentlichen fossile Brennstoffe nutzen und weltweit den größten Anteil am Kohlendioxidausstoß haben.

## Hybridantrieb als bester Kompromiss

Für die Hybridtechnologie sprach die gute Mischung aus sparsamem Kraftstoffverbrauch, geringen Emissionen an Treibhausgasen und Schadstoffen und eine Alltagstauglichkeit, die gegenüber Fahrzeugen mit

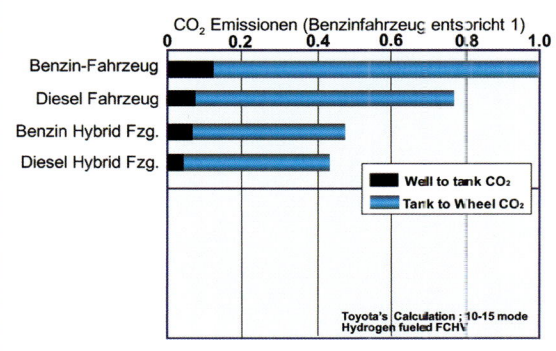

**1995 stellte Toyota den ersten Prototyp eines Autos mit Hybridantrieb vor.**

konventionellem Antrieb keinerlei Einschränkungen erforderte. Zum Ende des letzten Jahrhunderts hatte sich die Technik soweit entwickelt, dass die Probleme im Detail gelöst werden konnten, an denen mehr als 90 Jahre zuvor Ferdinand Porsche in der Praxis gescheitert war.

Im November 1994 erhielt das G21-Team die Vorgabe, für die Tokyo Motorshow 1995 ein Konzeptauto mit Hybridantrieb zu entwickeln. Ein Schachzug, den Toyotas Vizepräsident Akihiro Wada mit einer zusätzlicher Anweisung krönte: „Da Sie sowieso schon dabei sind, für die Autoshow ein Hybridfahrzeug zu entwickeln, gibt es keinen Grund, warum dieser Hybridantrieb nicht auch für die laufende Produktion verwendet werden sollte."

Im Kern zielte dieser Schachzug auf Folgendes ab: Ohne dem Team eine direkte Weisung zu erteilen, einen Hybridantrieb zu entwickeln, weckte Wada den Ehrgeiz des G21-Teams. Er forderte ein Hybrid-Showcar, das ganz nebenbei auch den Aspekten einer Massenfertigung genügen durfte. Das Team schlussfolger-

te richtig, dass der Durchbruch beim Verbrauch für das Auto des 21. Jahrhunderts nur durch den Hybridantrieb erzielt werden konnte.

Gerade weil der Antrieb für das Auto des 21. Jahrhunderts eine bahnbrechende Neuerung sein musste, ignorierten die Verantwortlichen bei Toyota bewusst das Führungsprinzip: „Verwenden Sie nur zuverlässige, gründlich getestete Technologien, die den Menschen und Prozessen dienen." Der Hybridantrieb funktionierte zwar in der Praxis bereits mit befriedigenden Ergebnissen, die Prüfung auf Tauglichkeit zur Massenfertigung stand jedoch noch bevor.

Takeshi Uchiyamada nahm die Herausforderung an und erhielt dafür die Zusage, sich für die Entwicklung der Hybridtechnik die besten Ingenieure des Hauses auswählen zu können. Wieder ließ sich Uchiyamada nicht vom direkten, einfachen Weg in Versuchung führen. Sein Team untersuchte 80 Hybridtypen, sortierte systematisch Motor um Motor aus, bis zehn Grundaggregate übrig blieben. Im nächsten Schritt kristallisie-

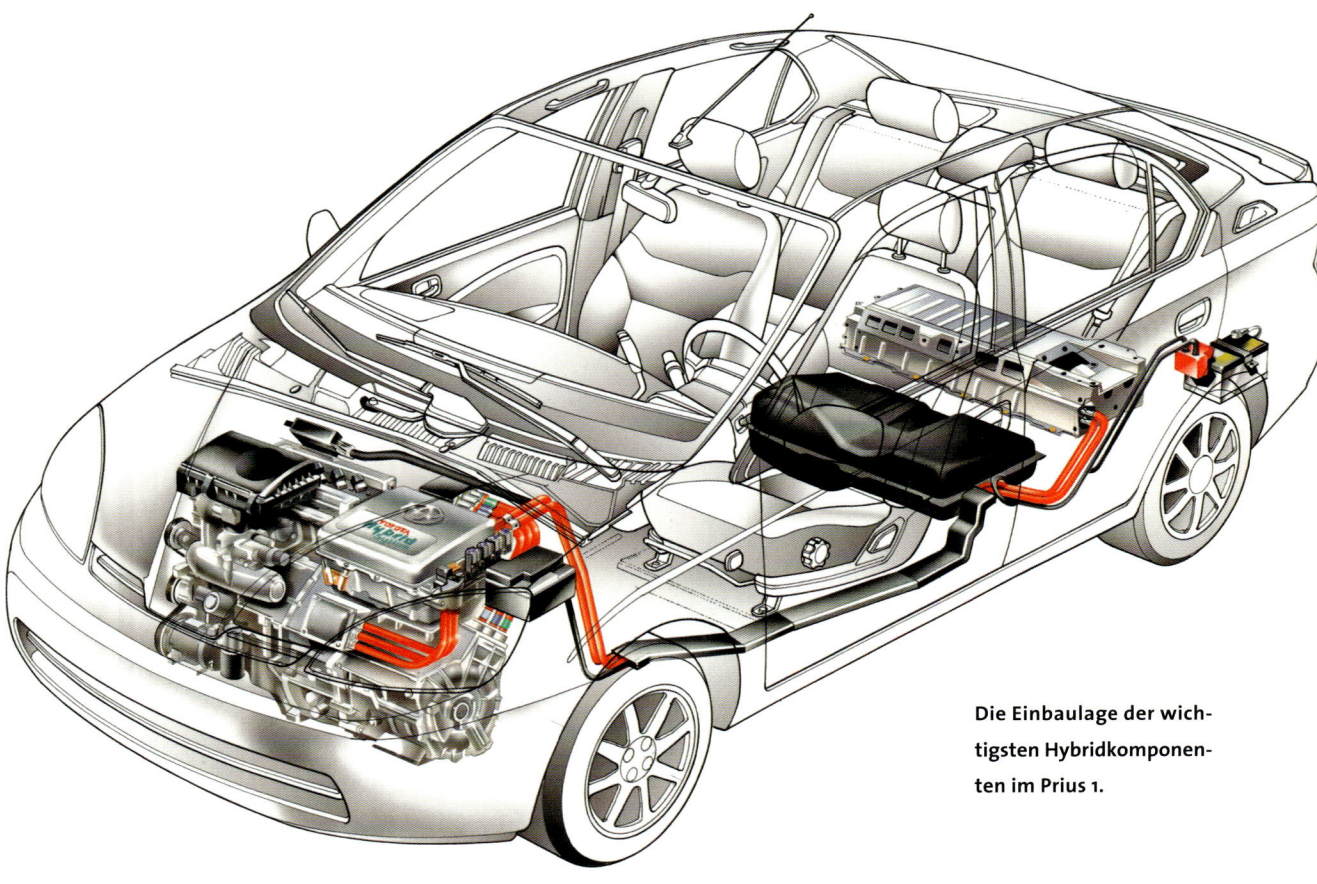

**Die Einbaulage der wichtigsten Hybridkomponenten im Prius 1.**

ten sich vier Motoren heraus. Im Mai 1995 konnte das Team den letztendlichen Vorschlag formulieren.

Die Kür zum offiziellen Entwicklungsprojekt für den Prius erfolgte im Juni 1995. Die dafür erforderliche neue Produkt- und Fertigungstechnologie erforderte die Festlegung eines Dreijahresplans. Das erste Jahr sah die Entwicklung eines fertigungsfähigen Prototyps im Mittelpunkt. Jahr zwei sollte der sorgfältigen Untersuchung gewidmet sein und die Arbeit des dritten Jahres sollte sich auf die Serienversion und ihre Produktionsvorbereitung konzentrieren. Den Beginn der Produktion avisierte Team G21 für Ende 1997. Um die Lösung noch nicht erkennbarer Probleme zu gewährleisten, akzeptierte der Zeitplan einen Puffer für den Produktionsanlauf bis Anfang 1998.

## Entwicklung in Rekordzeit

Die Tokyo Motorshow konfrontierte im Oktober 1995 die Öffentlichkeit erstmals mit dem Prototyp des Prius. Die Resonanz übertraf alle Erwartungen, das Hybridauto avancierte zum Star und lieferte der Entwicklungsmannschaft einen mächtigen Motivationsschub. Im Juni 1996 stand das Seriendesign für den Prius. Es blieben noch 17 Monate, bis das neue Modell in Produktion gehen sollte. Abgesehen von der neuen Fertigungstechnik für ein hoch innovatives Produkt galt es noch weitere Probleme zu lösen wie etwa das Erarbeiten neuer Vertriebsstrategien. Eine Serviceorganisation, Wartungs- und Inspektions-Know-how für die neue Technik mussten ebenfalls entwickelt und aufgebaut werden.

Im Juni 1996 stand das Seriendesign

für den Prius. Es blieben noch

17 Monate, bis das neue Modell in

Produktion gehen sollte

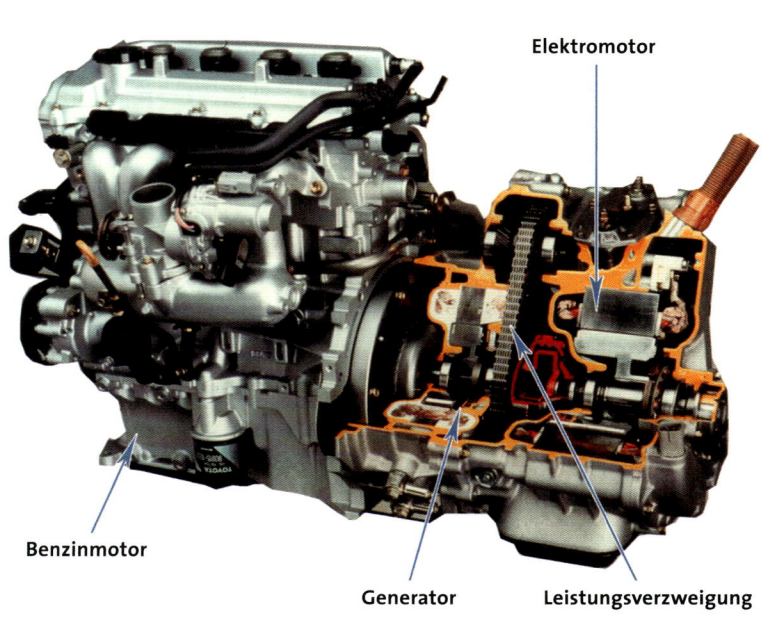

Elektromotor

Benzinmotor

Generator          Leistungsverzweigung

**Der Hybridantrieb des Prius 1 im Schnittmodell. Für den Quereinbau bilden Otto-, Elektromotor, Generator und Leistungsverzweigung eine kompakte Einheit.**

**Der Elektroantrieb des in Kleinserie gebauten RAV4 EV leistete 55 PS. Damit ließ sich eine Höchstgeschwindigkeit von 120 km/h erzielen.**

1996 galten bei den großen Automobilproduzenten der Welt, mit Ausnahme von Japan, Entwicklungszyklen für neue Modelle von fünf bis sechs Jahren als normal. Japanische Autobauer hatten schon 1982 diesen Zyklus auf 48 Monate gekürzt. Doch beim Prius setzte Toyota eine neue Rekordmarke. Er unterbot mit seinem Werdegang vom Tonmodell zum Straßenauto in 15 Monaten den üblichen Zyklus für die Entwicklung einer Produktvariante um ganze drei Monate.

Das bedeutete selbstverständlich nicht, dass die Entwickler die Enge des Zeitplans mit Improvisation und Nachlässigkeiten kompensierten. Nicht nur die Entwicklung des Prius, sondern auch die dafür erforderliche Zeitspanne liefert ein nachdrückliches Beispiel für eine der Kernkompetenzen von Toyota: Wenn es darauf ankommt, innovative Zeichen zu setzen, flexibel auf Herausforderungen zu reagieren und in kürzesten Zeit-

räumen Lösungen zu realisieren, verfügt das Unternehmen finanziell und personell über die Ressourcen, überzeugende Ergebnisse zu liefern – frei nach dem deutschen Firmenmotto: „Nichts ist unmöglich."

Doch bei näherer Betrachtung basiert der kurze Entwicklungszyklus des Prius nicht auf der Ausübung geheimnisvoller asiatischer Künste. Das Auswahlverfahren der unterschiedlichen technischen Komponenten führte dazu, dass die eigentliche technische Entwicklung des Antriebs auf bereits fertigen Detaillösungen aufbauen konnte. Den Vierzylindermotor mit 1,5 Litern Hubraum hatte die für Antriebsstränge verantwortliche Entwicklungsdivision bereits fertig gestellt. Er sollte im neuen Kleinwagen Yaris zum Einsatz kommen, der den Starlet ablösen sollte. Den Generator steuerte die Entwicklungsabteilung „Electronics Engineering" bei. Der Planetenradsatz für das stufenlose CVT-Ge-

triebe stand ebenfalls in einer einsatzfähigen Entwicklungsstufe bereit.

Natürlich gab es auch Probleme, obwohl die Entwickler bereits Erfahrungen mit reinen Elektrofahrzeugen gesammelt hatten. Projekte wie der Lite Ace EV oder der RAV4 EV dienten zur Erprobung von Spannungswandler und Kraftübertragung für den Hybridantrieb. Der dreitürige RAV4 EV entstand zeitgleich mit dem Prius 1 in einer Kleinserie, die 1997 ihre Premiere feierte. Als Energiespeicher diente dem RAV4 EV eine Nickel-Metallhydridbatterie mit 24 Zellen von je 12 Volt Spannung. Der elektrische Antrieb leistete 55 PS. Das reichte für eine Höchstgeschwindigkeit von 78 Meilen pro Stunde (126 km/h) und eine Reichweite, die zwischen 80 und 120 Meilen lag (130 bis 190 Kilometer). Zum Aufladen musste der elektrische RAV für fünf Stunden an eine Steckdose. In der Praxis realisierte

eine Batterieeinheit, die als Tauschteil 26.000 Dollar kostet, Gesamtlaufleistungen zwischen 100.000 und 150.000 Meilen (160.000 bis 240.000 Kilometer). 2002 verkaufte Toyota die letzten 328 RAV4 EV. Der Entwicklungsträger konnte sich sogar sportlich in Szene setzen, auf Rallyes für Elektrofahrzeuge beispielsweise, wo der Toyota Reichweiten von 180 Kilometer bei zügiger Fahrt problemlos absolvierte.

Die Batterieeinheit wurde beim Prius jedoch zum Dauerproblem. Das Lastenheft beschränkte die Batterie auf zehn Prozent des Volumens, das für einen reinen Elektroantrieb erforderlich gewesen wäre. Die ersten Batterien reagierten empfindlich auf Temperaturen. Sie traten während der Probefahrten in Streik, wenn es entweder zu heiß oder zu kalt war. Dieses Problem löste die Platzierung im hinteren Bereich des Fahrzeugs, wo sich die richtige Temperierung am leichtes-

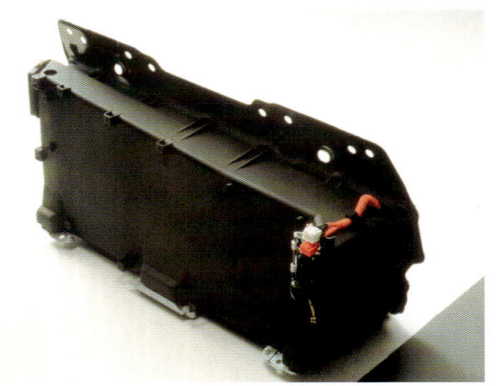

**Die Batterieeinheit des Prius 1 hatte ein Volumen von 50 Litern und wog 45 Kilo.**

**Der Prius 1 kam im Oktober 1997 zu einem Preis von zwei Millionen Yen auf den japanischen Markt. Der Preis entsprach dem eines Corolla.**

ten bewerkstelligen ließ. Nach Lösung der batteriespezifischen Probleme im Prius selbst, entschloss sich das Management von Toyota, mit Blick auf Fertigung und Weiterentwicklung der Batterieeinheit einen kompetenten Partner zu suchen, denn im Dezember 1996 stand noch immer keine Batterie zur Verfügung, die allen Anforderungen genügte. Mit „Matsushita Electrics" entstand ein Joint Venture unter dem Namen „Panasonic EV Energy". Die fruchtbare Zusammenarbeit währt bis zum heutigen Tag und dokumentiert sich im Formel-1-Team, das offiziell unter dem Namen „Toyota-Panasonic" firmiert.

Die Batterie des Prius hatte schließlich ein Volumen von 50 Litern und wog 45 Kilo. Kühlung und Steuereinheit erhöhten Volumen und Gewicht auf 75 Liter beziehungsweise 75 Kilo. Der Energiespeicher arbeitete mit einer Spannung von 288 Volt und bot eine maximale Leistung von 20 Kilowatt.

Um die Entwicklung des Prius 1 in der avisierten Qualität zum geplanten Zeitpunkt realisieren zu können, gewährte das Management Budgets, die den Rahmen einer normalen Neuentwicklung deutlich überschritten. Ende 1995, im April 1996 und im Februar 1997 entstanden Flotten von 20 bis 30 Vorserienfahrzeugen. Jeder neue technische Durchbruch erforderte für die Erprobung in der Praxis eine neue Generation von Prototypen. 1997 arbeiteten mehr als 1000 Ingenieure am Prius. Rund um die Uhr.

## Der Preis ist heiß

Der ursprünglich angepeilte Termin Ende 1997 für die Markteinführung konnte schließlich sogar um zwei Monate unterschritten werden. Hiroshi Okuda, der 1995 als erster Präsident an die Spitze des Unternehmens kam, der nicht der Gründerfamilie Toyoda entstammte, hatte den Dezember 1997 als Termin für die Markteinführung genannt. Bis dahin suchten noch weitere zentrale Fragen nach schlüssigen Antworten. Wie viele Einheiten konnte die Fertigung liefern? Wie hoch sollten die Absatzziele gesteckt werden? Und schließlich die wichtigste Frage: Wie viel soll der Kunde für einen Prius zahlen?

Die Produktionskapazität in der ersten Phase der Serienfertigung wurde realistisch mit 1000 Einheiten pro Monat angesetzt. Diese Menge sollte auch dem Vertrieb keine großen Probleme bereiten. Der Preis für den Endkunden war natürlich ein Politikum. Ein nach buchhalterischen Gesichtspunkten kalkulierter Preis hätte den üblichen Klassenrahmen um ein Mehrfaches überschritten. Das Management wusste, dass Toyota den Preis massiv subventionieren musste. Da das Unternehmen über den exakten Entwicklungsaufwand strenges Stillschweigen bewahrte, konnten Experten den Entwicklungsaufwand nur schätzen und taxierten das Investitionsvolumen auf bis zu eine Milliarde Dollar. Um eine solche Summe mit einem kompakten Fahrzeug amortisieren zu können, hätten rund 300.000 Einheiten pro Jahr verkauft werden müssen.

Im Fall des Prius zeichnet diese rein betriebswirtschaftliche Betrachtungsweise jedoch ein schiefes Bild, denn ein erheblicher Teil der Kosten entfiel auf die Grundlagenforschung einer neuen Antriebstechnologie – Investitionen, die sich erst langfristig durch neue Modellreihen und eine breite Ausdehnung der Fertigung rechnen würden. Besonders da sie Toyota einen deutlichen Vorsprung vor der weltweiten Konkurrenz sicherte.

Das erste Preisschild des Prius für den japanischen Markt wies im Oktober 1997 zwei Millionen Yen aus.

Das entsprach dem Preisniveau des Corolla. Dafür erhielt der Kunde eine kompakte Stufenhecklimousine mit einer Länge von 4315 Millimetern. Durch die Höhe von 1695 Millimetern entstand ein geräumiger Innenraum. Der Radstand von 2550 Millimetern übertraf den eines Corolla um 85 Millimeter und trug somit ebenfalls zum überdurchschnittlich guten Raumgefühl bei. Mit 390 Litern Kofferraumvolumen verfügte der Prius über den identischen Stauraum einer Corolla Limousine.

Der Vierzylinder mit 1497 cm³ Hubraum leistete 72 PS bei 4500/min. Der elektrische Antrieb konnte maxima

**Im Jahr 2000 führte Toyota den Prius auf dem europäischen Markt ein.**

45 PS mobilisieren. In allen anderen technischen Merkmalen unterschied sich der Prius nicht von einem zeitgenössischen Fahrzeug der Kompaktklasse. Die Zahnstangenlenkung war servounterstützt. Die Räder der Vorderachse waren einzeln an McPherson-Federbeinen und Querlenkern aufgehängt, hinten kam eine Verbundlenkerachse zum Einsatz.

Auch die dynamischen Qualitäten des Prius forderten von seinem Fahrer keine experimentaltechnischen Zugeständnisse. 160 km/h Höchstgeschwindigkeit waren mehr als genug auf einem heimischen Markt, wo die Durchschnittsgeschwindigkeit im zähen Dauerverkehrsfluss von Tokio 4,8 Kilometer in der Stunde beträgt und wo die Ordnungskräfte selbst geringfügigstes Überschreiten der zulässigen Höchstgeschwindigkeit von 100 km/h auf Autobahnen mit scharfrichterlicher Strenge ahnden.

Herausragendes Merkmal im Innenraum des Prius war der zentrale Monitor im Bereich der Mittelkonsole, der ständig über den aktuellen Kraftfluss des Antriebssystems informiert. Das polarisierendste Element des Viertürers war ohne Zweifel sein Design – es war ohne Wenn und Aber gelungen, dem neuen Antriebskonzept ein unverwechselbares Gesicht zu verleihen. Da

sich die Proportionen erklärtermaßen dem Nutzwert und nicht der ultimativen Eleganz der Linienführung verpflichtet fühlten, konnte die Formengebung des Prius je nach Betrachter einen etwas unbeholfenen Eindruck vermitteln.

Schon kurz nach seiner Einführung gewann der Prius den in seiner Heimat begehrten Titel „Auto des Jahres". Das Publikum in Japan verstand die Botschaft, dass es Toyota mit dem Prius nicht um die Erfindung einer neuen Designikone ging, sondern es sich um den Pionier einer Antriebstechnik mit revolutionärem Potenzial handelte. Einen Monat nach Markteinführung, im November 1997, lagen bereits 3500 Bestellungen vor. Mithin die dreieinhalbfache Menge, die für einen Monat kalkuliert war. Zum Jahresende hatte Toyota 323 Prius an japanische Kunden ausgeliefert. Zuverlässigkeit und Alltagstauglichkeit des Prius überzeugten im zweiten Produktionsjahr bereits 17.653 Kunden. 2000 führte Toyota den Prius in Europa und dem wichtigsten Exportmarkt USA ein. Nach sechsjähriger Bauzeit fuhren bereits 120.000 Prius 1. Nach dem Modellwechsel 2003 kletterte die Produktion des Prius 2 bereits innerhalb eines Jahres auf die gleiche Stückzahl. Ende 2007 erreicht die Jahresproduktion bereits 270.000 Einheiten. ────────────────

DER RADSTAND DES PRIUS 1 ÜBERTRAF

DEN DES COROLLA UM 85 MILLIMETER UND

TRUG SOMIT ZUM ÜBERDURCHSCHNITTLICHEN

RAUMGEFÜHL BEI

Die religiösen Hand-
lungen, die die Pries-
ter des Shinto prakti-
zieren, bestehen im
Wesentlichen aus Rei-
nigungszeremonien.

# KAPITEL 3

# Der japanische Weg

„Kami" lautet die Be-
zeichnung der zahllo-
sen Geister, die die re-
ligiöse Welt des Shin-
toismus beleben.

Seit mehr als 35 Jahren verfolgt Toyota konsequent
den Weg des Hybridantriebs. Den ersten Schritt präsentierte das Unternehmen auf der Tokyo Motorshow 1975. Der Century GT45 kombinierte eine Gasturbine mit einem Elektromotor. Die Zähigkeit, mit
der Toyota den Hybridantrieb zur Serienreife, zum
Durchbruch, zum Erfolg und als langfristige Basis für
künftige erfolgreiche Geschäfte entwickelte, ist innerhalb der Geschichte des Automobils ein einmali-
ger Vorgang. Die Antwort auf die Frage, wie das funktionieren konnte, ist einfach: Toyota ist eine japanische Firma. Der Erfolg des Unternehmens und seine
Fähigkeit, langfristige Strategien zu entwickeln, hat
seine Wurzeln in der landesspezifischen Kultur und
Geschichte.

Trotz moderner Kommunikation und intensivem Wa-
renaustausch ist Japan für die Menschen westlicher
Nationen unverändert ein Mythos. Das Bild, das Japan
im Bewusstsein der westlichen Öffentlichkeit gezeich-
net hat, charakterisieren mehr Klischees als konkretes
Wissen. Begriffe wie Kimono, Kirschblüte, Sony und
Judo repräsentieren diese Klischees und selbst der Bil-

dungsbürger bringt seinen Wissensstand maximal bis Giacomo Puccinis (1858-1924) 1904 uraufgeführter Oper „Madame Butterfly" in Stellung.

Der jüngste Siegeszug der Sushi-Bars in westlichen Metropolen hat die Kenntnisse über Japan allenfalls um ein exotisches kulinarisches Phänomen erweitert. Der Umstand, dass japanische Konsumprodukte vom Walkman bis zum Motorrad zum festen Bestandteil eines jeden westlichen Haushalts gehören, hat nichts daran geändert, dass Japan eine Art modernes Shangri-La geblieben ist – wie jenes sagenhafte „Zipangu", das im Europa des 16. Jahrhunderts als unermesslich reiches, fernes Archipel die Phantasie von Abenteurern und Entdeckern beflügelte, „wo Straßen und Wege allseits mit eytel Gold gepflastert seyn".

Japan hat diesen Mythos, der praktisch alle Aspekte der Nation umfasst, natürlich auch zu einem gewissen Teil selbst kultiviert. Es schloss sich über ganze historische Epochen hermetisch ab, hat bis zum Ende des zweiten Weltkriegs nie erlebt, dass der Soldat einer fremden Macht seinen Fuß auf den Boden des Landes gesetzt hat.

Zu Beginn des 17. Jahrhunderts hatte Japan seine vollkommene Isolierung perfektioniert. Bürgern des Landes war es bei Androhung der Todesstrafe verboten, Kontakte mit Ausländern zu pflegen. Der herrschende Shogun ließ in der Bucht von Nagasaki eine künstliche Insel namens Deshima aufschütten, die Ärzten und Abgesandten der niederländischen „Ostindischen Kompanie" als Handelsstützpunkt diente und den gesamten Außenhandel Japans bis Mitte des 19. Jahrhunderts abwickelte.

Japan ist in vielerlei Hinsicht einmalig. Vier Haupt- und Tausende von Nebeninseln mit einer Gesamtfläche von insgesamt 377.837 Quadratkilometern spannen zwischen dem 24. und 45. Breitengrad einen Bogen von arktischen bis hin zu subtropischen Regionen. Den größten Teil der Inseln überziehen hohe, schroffe Berge, so dass den 127 Millionen Japanern kaum 25 Prozent des Landes als Siedlungsfläche zur Verfügung stehen. Das umgebende Meer ermöglichte zwar Handel und Wandel und einen reichhaltigen Zufluss kultureller Einflüsse in der Region, der sich aber ausschließlich auf China und Korea beschränkte. Das Chinesische

Meer im Osten und der pazifische Ozean im Westen
trennten Japan vom Rest der Welt so gut, dass erstmals in der Geschichte des Landes die Niederlage im
zweiten Weltkrieg zu einer Besetzung durch eine fremde Macht führte.

Die beiden höchsten Hürden im Verständnis des Westens Japan gegenüber gründen sich auf die japanische
Fähigkeit, Ambivalenz im Denken und Handeln zu akzeptieren und zu nutzen, sowie den gruppendynami-
schen Prozessen, die praktisch jeden Aspekt des täglichen Lebens in Japan durchdringen.

Die Dualität, die die Grundstruktur japanischen Denkens
(und das anderer asiatischer Völker) bestimmt, entspringt
der buddhistischen Glaubenslehre. Sie spiegelt sich im
Symbol des „Ying" und „Yang" wider und akzeptiert das
Nebeneinander von Gut und Böse. Der durch das Christentum geistig und kulturell geformte Westen denkt in
Strukturen, die durch Polarität geprägt sind: entweder –
oder. Nur das Gute zählt, das Böse ist zu bekämpfen.

Die im sechsten vorchristlichen Jahrhundert von dem
Inder Gautama Buddha gestiftete Religion erreichte
Japan etwa 600 nach Christus. Der neue Glaube er-
langte schnell eine gleichberechtigte Stellung neben
dem vorherrschenden Shintoismus. Kein anderes Volk
der Welt akzeptiert derart konsequent das Nebeneinander von zwei Religionen, zu denen sich jeweils
mehr als 70 Prozent aller Japaner bekennen. Das heißt,
rund 40 Prozent aller Japaner geben an, gleichermaßen Buddhisten wie Shintoisten zu sein.

Im Glauben des Shinto manifestiert sich die grundlegende Werteorientierung der Japaner. Sie, die auf dem
geologisch instabilsten Land der Welt leben, sind wie
kein anderes Volk mit den Launen der Natur und Naturkatastrophen vertraut. Vulkanausbrüche, Erdbeben,
Taifune und Tsunamis sind ständige Begleiter Japans.
Vor dem Hintergrund dieses Bewusstseins der Abhängigkeit von der Natur bis hin zum Ausgeliefertsein ist
das christliche Edikt, „der Mensch solle sich die Erde
untertan machen", völlig abwegig.

Die Beziehung der Japaner zur Natur ist von ihrer religiösen Verehrung getragen, die sich im Shintoismus wi-
derspiegelt. Dessen Einflüsse schlagen sich in vielen Aspekten des Alltags, in der Kunst und Literatur nieder.
Die Naturverehrung ist neben Ahnenkult und Mythos
eine der drei tragenden Säulen des Shintoismus.

Er unterscheidet sich grundlegend von allen anderen
Weltreligionen. Im Gegensatz zu den monotheisti-
schen Religionen wie Christentum, Islam oder Juden-
tum ist der Shintoismus kein in sich geschlossenes re-
ligiöses System. Er kennt keine Religionsstifter, Prophe-
ten, fixierte Dogmen wie die Zehn Gebote, keine
Schriften wie die Bibel oder den Koran.

Der Shintoismus zeichnet sich durch seine Bejahung des
Lebens aus. Er ist im Diesseits verwurzelt. Seine Anhänger finden jedoch keinerlei Orientierung für das Leben
im Diesseits und schon gar nicht für ein Weiterleben
nach dem Tod. Darin liegt letztendlich die Ursache für die
Akzeptanz des Buddhismus. Der liefert den Menschen
Antworten auf die zentrale Frage, die der Shintoismus
offen lässt: das Leben nach dem Tod. Das Verinnerlichen

## Die Ambivalenz japanischen Alltagslebens spiegelt sich im Kontrast aus lautem, grellem Konsum und religiöser Meditation wider

und die harmonische Integration zweier verschiedener Religionen ersparte Japan Glaubens- und Religionskriege, wie sie Europa in Gestalt des Dreißigjährigen Krieges von 1618 bis 1648 verheerten oder zu den Kreuzzügen gegen den muslimisch geprägten Orient inspirierten.

Die aus der religiösen Tradition gewachsene Erscheinung der Ambivalenz sorgt für Phänomene, die den westlichen Besucher gleichermaßen faszinieren wie verwirren, weil sie auch im modernen Japan alle Aspekte des Alltagslebens durchdringen. Die Akzeptanz des Nebeneinanders zweier widersprüchlicher Seiten einer Sache findet sich in den unterschiedlichsten Bereichen. Die freundliche und friedliche Aufmerksamkeit, mit der Japaner Mitmenschen und Fremden begegnen, und die einher geht mit der niedrigsten Rate an Verbrechen und Gewalttaten, kontrastiert drastisch mit einer mörderischen Brutalität, die fester Bestandteil der Unterhaltungskultur ist und bereits die televisionäre Erbauung von Kindern mit Blutorgien zerfetzter Monster und futuristischen Schlachten würzt.

Die Schule neben der Spielhalle, der Schrein neben dem rot beleuchteten Unterhaltungsbetrieb, dem keine zwischenmenschliche Ausschweifung fremd ist, der Laden, der Kunsthandwerk von erlesenster handwerklicher und ästhetischer Vollendung bietet, neben der Krabbelbude voll mit Billigtinnef der höchsten Ramschklasse ist gelebter japanischer Alltag. Zur Entspannung können sich Japaner in vollendeter Ruhe meditativ in rituelles Blumenstecken (ikebana) vertiefen oder nach der Perfektion streng stilisierter Abläu-

fe einer Teezeremonie streben. Oder zum Relaxen eine der allgegenwärtigen „Patschinko"-Spielhallen besuchen, deren Spaßfaktor dem Besucher aus dem westlichen Kulturkreis ebenso unergründlich ist wie die permanente Reizüberflutung aus grell flimmerndem Licht, ohrenbetäubendem Lärm und drangvoller Enge.

Das zweite Phänomen, das dem Bewohner des Westens so große Schwierigkeiten im Verständnis Japans bereitet, ist der Wesenszug des beinahe vorbehaltlosen Lebens, Denken und Handelns in der Gruppe. Für den Europäer oder Amerikaner, der im Individualismus wurzelt, dessen Kulturgeschichte vom Streben nach Freiheit und Selbstverwirklichung des Individuums geprägt ist, eine harte Nuss.

Diese gegensätzlichen kulturellen Sichtweisen haben sich aus den unterschiedlichen landwirtschaftlichen Traditionen beider Kulturkreise entwickelt. Über Jahrtausende waren die Gesellschaften von der Erzeugung von Grundnahrungsmitteln geprägt, die den überwiegenden Teil der Menschen in der Landwirtschaft ihren Lebensmittelpunkt finden ließ. Für das Getreide, das der europäische Bauer kultivierte, konnte er alleine den Acker pflügen. Er säte und erntete nur von den Bedingungen der Jahreszeiten reglementiert und allenfalls von den Mitgliedern seiner Familie unterstützt.

Japaner hingegen betreiben als wichtigsten landwirtschaftlichen Zweig den Nassreisanbau, den sie im dritten vorchristlichen Jahrhundert aus China übernommen hatten. Dieser funktioniert jedoch nur in einer

DIE PFLEGE KÜNSTLERISCHER UND
HANDWERKLICHER TRADITIONEN IST
EIN PRÄGENDES ELEMENT DER
JAPANISCHEN KULTUR

größeren Gruppe wie der gesamten Dorfgemein-
schaft. Das gilt für alle erforderlichen Arbeiten. Schon
das Anlegen und Vorbereiten der Felder und der Be-
wässerungssysteme war und ist eine so komplexe Arbeit, die nur im Kollektiv geleistet werden kann, in dem
jede Hand zupackt. Das gleiche gilt für Saat und Ern-
te. Funktionieren Arbeitsteilung und Zusammenhalt
der Gemeinschaft, ist die Ernährung und das Überle-
ben des Einzelnen gesichert.

Solche Traditionen mit ihrem archaischen Gewicht prä-
gen über Jahrhunderte, ja Jahrtausende die Grundstruktur einer Kultur. Das Befremden der westlichen
gegenüber der asiatischen ist dabei wechselseitig. So
wie wir die Gruppendynamik als einschränkend und
beengend empfinden, resultieren aus dem Individualismus westlicher Prägung für Japaner Bedrohlichkeit,
Schutzlosigkeit und Vereinsamung.

Eine wesentliche Eigenart der japanischen Kultur besteht darin, die von außen angenommenen Einflüsse
nie substanziell zu verändern, dafür aber mit Nachdruck zu pflegen und allenfalls zu verfeinern. Dafür ist
die japanische Kulturgeschichte eigentümlich arm an
eigenen Innovationen. Die Schriftzeichen stammen
ebenso aus China wie der Reisanbau, die Wehrtechnik
oder Kleidermoden. Die Rüstungen, mit denen die letzten Samurai 1868 die Modernisierung des Landes
durch die Restauration des Kaisers Meiji bekämpften,

waren identisch mit jenen, die die Kämpfer des Ieyasu
Tokugawa trugen, der Ende des 16. Jahrhunderts einen
langjährigen Bürgerkrieg beendete, das Land einte und
ihm als Shogun (oberster Kriegsherr) strikte Isolation
verordnete. In China finden sich die Formen dieser Rüstungen bereits in der Epoche um 200 v. Chr., als der sa-
genumwobene Kaiser Quin die sieben Reiche des Landes zum chinesischen Kaiserreich vereinte.

Gleiches gilt für den Kimono, jenes traditionelle Frau-
engewand, das noch heute in Japan bei wichtigen Ze-
remonien wie Hochzeiten eine bedeutende Rolle spielt.
In China war dieser Kimono bereits im elften Jahrhundert bekannt und geriet als vorübergehende modische
Erscheinung wieder in Vergessenheit. Der japanische
Kimono von heute entspricht jedoch bis in kleine Details dem chinesischen Vorbild.

Die politischen Entwicklungen des 17. Jahrhunderts
vertieften wesentlich die Kluft zwischen japanischer
und westlicher Kultur. Die führenden Nationen des
Westens brachen auf, um jeden Winkel der Welt zu er-
forschen (und zu erobern). Wissenschaft und Technik
sorgten für eine epochale Erweiterung des Wissens.
Dank dieser technischen und wissenschaftlichen Re-
volutionen waren die Länder des Westens Mitte des
19. Jahrhunderts in der Lage, den tief greifenden Wechsel von Agrar- zu Industriegesellschaften zu vollziehen
und in die Neuzeit einzutreten.

Im gleichen Zeitraum verharrte Japan in einem Zustand mittelalterlichen Feudalismus mit fest gefügten gesellschaftlichen Kasten. Das Shogunat, das Fürst Ieyasu Tokugawa 1603 errichtet hatte, beherrschte Japan 250 Jahre lang mit fester Hand. Der Kaiser übte in jener Epoche keinerlei weltliche Macht aus. Die strenge Isolation bescherte den Japanern jedoch eine Periode anhaltenden Friedens, auf die kein anderes Volk in seiner Geschichte zurückblicken kann, und eine innere wirtschaftliche Blüte.

Zu Beginn des 19. Jahrhunderts ging die Zeit des Friedens in eine Phase der politischen und gesellschaftlichen Stagnation über. Dazu kamen Naturkatastrophen, Missernten und daraus resultierende Aufstände. 1853 dampfte der amerikanische Commodore Matthew Calbraith Perry (1794-1858) mit seinen „schwarzen Schiffen" „Mississippi", „Plymouth", „Saratoga" und „Susquehanna" in den Hafen von Uraga nahe Edo (dem heutigen Tokio) und erzwang die Öffnung Japans gegenüber dem Westen.

Das erschöpfte Shogunat hatte dieser Forderung nichts entgegen zu setzen. Um einer drohenden Kolonialisierung zu entgehen, entschied sich Japan für eine Öffnung des Landes. Die folgende Phase der „Meiji-Restauration" beendete die Herrschaft des Shoguns zugunsten des jungen Kaisers Meiji (1852-1912) und setzte einen atemberaubenden Wandel Japans in Gang. Um den technischen Rückstand gegenüber den westlichen Nationen so schnell wie möglich zu überbrücken, wählte Japan einmal mehr einer ungewöhnlichen, eigenständigen Weg. Das Land warb für alle modernen Disziplinen der Wissenschaft, Technik und Verwaltung westliche Spezialisten an. Die fürstlichen Gagen und feudalen Lebensbedingungen, mit denen Japan die Experten bei Laune hielt, verschlangen bis zu 10 Prozent des Staatshaushalts. Deutsche Experten brachten das preußische Militärwesen ins Land. Die Spuren, die die deutsche Zentralmacht des 19. Jahrhunderts hinterlassen hat, finden sich beispielsweise noch heute in den Schuluniformen japanischer Kinder wieder. Auch die Kenntnisse der modernen Medizin im-

portierten die Japaner aus Deutschland. So lautet der japanische Fachausdruck für „Blinddarm" noch heute „Blinddarm". Nachdem Japan dann zu Beginn des 20. Jahrhunderts den technischen Rückstand aufgeholt hatte, folgte die konsequente Ausweisung der internationalen Spezialisten.

Wie in Europa war auch in Japan die späte zweite Hälfte des 19. Jahrhunderts die Epoche der großen Gründerzeit. Besonders junge Angehörige alter Samuraifamilien entdeckten in der ökonomischen Neuorientierung ein Betätigungsfeld, das es ihnen erlaubte, mit den angestammten Traditionen und Werten ihres Standes den „bushido", den „Weg des Schwertes", im Bereich der Wirtschaft zu beschreiten. So gründete beispielsweise Yataro Iwasaki (1835-1885) bereits 1373 Mitsubishi, ein Unternehmen, das sich zu einem der größten Konzerne des Landes entwickeln sollte.

## Der „König der Erfinder"

In dieser Zeit des radikalen Wandels erblickte im Februar 1867 Sakichi Toyoda das Licht der Welt – zwei Jahre vor dem offiziellen Aufbruch Japans in die Neuzeit, den Kaiser Meiji bei seiner Thronbesteigung 1869 mit folgendem Schwur einleitete: „Wissen und Erkenntnis sollen überall in der Welt gesucht werden, um das Fundament der kaiserlichen Herrschaft zu stärken." Dieser Eid ging als „Mejii-Eid" in die japanische Verfassung ein und prägte das Streben junger, ehrgeiziger und begabter Japaner in jener Epoche. Die Suche nach Wissen und Erkenntnis stellte auch der junge Sakichi Toyoda für den Rest seines Lebens in den Mittelpunkt seines Strebens. Der Erfolg dieser Bemühungen trug ihm den Ehrentitel „Vater der industriellen Revolution in Japan" ein.

Japan war dabei, den ersten Schritt von der Agrar- zur Industriegesellschaft zu tun. Zu allen Zeiten stand am Beginn der Entwicklung einer hoch stehenden Kultur der Aufbau einer Textilproduktion. Spindel und Web-

Sakichi Toyoda (1867-1930), begründete sein Imperium mit zahlreichen Innovationen im Bereich der Textiltechnik.

stuhl sind ebenso alte Erfindungen wie die Töpferscheibe. Einfache Geräte zur Textilfertigung waren stets leicht herzustellen und konnten neben der Landwirtschaft im häuslichen Rahmen eingerichtet und betrieben werden. Damit ließ sich das erste Glied einer neuen Wertschöpfungskette knüpfen. Der Verkauf der textilen Erzeugnisse schafft neue Einkommensquellen und setzt Mittel für das Entstehen weiterer Handels- und Handwerkszweige frei.

Wie alle Familien in der Präfektur Shizuoka, in der Gegend um Yamaguchi, lebte auch die Familie Toyoda vom Baumwollanbau. Zur Verbesserung des Familieneinkommens arbeitete Sakichis Vater als Zimmermann, seine Mutter wob auf einem primitiven Webstuhl Kimonos aus Baumwolle. Der technische Aufschwung, zu dem Japan gerade angesetzt hatte, war zu diesem Zeitpunkt bis in die Tiefen der Provinz noch nicht vorgedrungen. Sein Schlüsselerlebnis hatte der 23-jährige Sakichi Toyoda 1890 beim Besuch der „Dritten Internationalen Industrieausstellung" in Tokio. Der größte Teil der mehr als 1700 dortigen Exponate hatte bereits im Jahr zuvor auf der Pariser Weltausstellung im Schatten des Eiffelturms für Aufsehen gesorgt. Den jungen Sakichi Toyoda katapultierte die Schau förmlich in ein Wunderland der Mechanik.

Nach der Rückkehr in seine Heimat soll der junge Toyoda den Vorsatz gefasst haben, „alle ausländischen Waren aus Japan hinaus zu werfen". Dieser Vorsatz be-

gründete das zentrale Leitmotiv für eines der erfolgreichsten Unternehmen der Geschichte: „Fortschritt erzielen aus eigener Kraft, ohne fremde Hilfe."

Der erste Schritt, an dessen vorläufigem Ende der Hybridantrieb steht, war ein mechanischer Webstuhl, den Toyoda 1890 konstruierte. Dieser Webstuhl, während seiner Entstehung von einer langen Abfolge aus Versuch und Irrtum gekennzeichnet, war in mehrfacher Hinsicht bemerkenswert. Er zeichnete sich durch eine vorher nicht gekannte Qualität aus. Dazu war er leicht zu warten. Das eigentlich Revolutionäre war indes die Auswahl des Baumaterials. Statt wie bei den meist aus England, Frankreich oder Deutschland importierten Maschinen Gusseisen zu verwenden, für dessen Erzeugung Japan nicht die erforderlichen Ressourcen besaß, wählte Sakichi Toyoda jenen Stoff, über den das Land im Überfluss verfügt: Holz.

1896 erfand Toyoda den so genannten „Power Loom", einen elektrisch angetriebenen Webstuhl. Er verkörperte wieder etwas wirklich Neues, weil ein Weber mehrere dieser Geräte gleichzeitig bedienen konnte. Die nächsten Erfindungen und Patente Toyodas setzten Zeichen für das bis heute gültige Produktionssystem von Toyota: Probleme und Fehlerquellen bereits im Ansatz erkennen und später in der Produktion vermeiden. Dieses Prinzip trägt die japanische Bezeichnung „jidoka". Das bedeutet übersetzt „autonome Automation" und beschreibt den Betrieb einer Maschine im Rahmen eines

**Textilmaschinen bestimmten die Produkte von Toyota bis Mitte der 30er-Jahre. Das Werksmuseum hält die Maschinen betriebsbereit.**

Produktionsprozesses ohne menschliche Überwachung. So entwickelte Sakichi Toyoda beispielsweise eine Abschaltautomatik, die den Webstuhl stoppte, sobald ein Faden gerissen war. Nachdem seine einfachen, zuverlässigen und leicht zu bedienenden Maschinen die Konkurrenten aus Europa verdrängt hatten und die japanische Textilindustrie beherrschten, gründete Toyoda mit 40 Jahren auf Initiative des Großkunden, Finanziers und mächtigen Handelshauses Mitsui die „Toyoda Loom Works" mit einer eigenen angeschlossenen Spinnerei. Mit der Erfindung des Rundwebstuhls 1906 und des „Automatic Loom, Type G" 1924, setzte Toyoda weitere Zeichen in der Webtechnik. Der „Automatic Loom, Type G" zeichnete sich vor allem dadurch aus, dass bei der vertikalen Bewegung des Weberschiffchens für den Wechsel der Spulen nach Verbrauch des Fadens kein Abschalten der Maschine mehr erforderlich war.

## Japans Aufstieg zur Weltmacht

Sakichi Toyoda und seine erfolgreichen Zeitgenossen sahen in ihrem Einsatz und Erfolg nicht zuletzt ein patriotisches Engagement, das sein Heimatland Japan mit wachsendem politischen Gewicht bestätigte und belohnte. 1904/05 setzte sich Japan im ersten Krieg gegen eine führende Weltmacht jener Zeit, das zaristische Russland, erfolgreich durch und schrieb zum ersten Mal Weltgeschichte. Denn der japanische Sieg bedeutete den Anfang vom Ende der absolutistischen russischen Monarchie, deren Niederlage im fernen Osten die erste russische Revolution vor dem Winterpalais in St. Petersburg 1905 auslöste.

Mit der Meiji-Restauration war neben dem aktuellen technischen Wissen auch die außenpolitische Doktrin des Westens nach Japan gelangt. Die führenden Nationen jener Zeit bezogen nicht nur ihren Wohlstand, sondern auch einen beträchtlichen Teil ihres Prestiges aus einem ungehemmten Kolonialismus, der die ganze Welt umspannte. Auf diesen Trend sprang Japan zu Beginn des 20. Jahrhunderts auf und versuchte in der Mandschurei Fuß zu fassen. Die Mandschurei, „Land des Überflusses" in der wörtlichen Übersetzung, umfasste jene Provinzen im Nordosten von China, an der Grenze zu Russland, die Japan unmittelbar auf dem Festland gegenüber liegen.

Das Engagement in der Mandschurei setzte Japan in den gleichen zeitgeschichtlichen Kontext wie die führenden Nationen Europas, die mit einem aggressiven Kolonialismus nicht nur Quellen für Rohstoffe und Absatzmärkte für ihre industrielle Produktion sicherten, sondern auch ihr Image als Großmächte polierten. Japans außenpolitischer Einsatz in der Mandschurei setzte ein historisches Zeichen. Erstmals qualifizierte sich eine nichtwestliche Nation für den Aufstieg in den Reigen der führenden Weltmächte. Die chinesische Provinz verfügte auch in reichem Maß über jene Rohstoffe, die die aufstrebende aber rohstoffarme Wirtschaftsnation Japan so dringend benötigte.

In der Seeschlacht von Tsushima am 25. Mai 1905, die die Niederlage Russlands besiegelte, lernte die Welt staunend, wie schnell und erfolgreich die Japaner ihre technologischen und militärischen Nachhilfestunden verinnerlicht hatten. Die japanischen Schiffe waren moderner, verfügten über größere Schnelligkeit, Wendigkeit sowie Feuerkraft und versenkten das russische Geschwader aus 36 Kampfschiffen bei geringen eigenen Verlusten fast vollständig.

## Die automobilen Spätzünder

Große Siege tragen bekanntlich stets die Keime eigener Niederlagen in sich. Zwar hatte überlegene japanische Technik einen mächtigen Feind vernichtet, die hohen Kosten, die dieser Überlegenheit zugrunde lagen, schlugen sich im Land jedoch in Form einer ernsten Rezession nieder. Den Kriegskosten folgte wirtschaftlicher Niedergang und Massenarbeitslosigkeit. Auch die Toyoda Loom Works gerieten an den Rand der Pleite.

Doch Sakichi Toyoda reagierte auf jene unkonventionelle Weise, die alle wichtigen Weichenstellungen des Unternehmens bis heute prägt. Toyoda erweiterte wie zwei Jahrzehnte zuvor, als er aus der Provinz nach Tokio aufgebrochen war, seinen Horizont. Diesmal wählte er Amerika als Reiseziel und Quelle seiner Inspiration.

Nach seiner Rückkehr strukturierte Toyoda sein Unternehmen um. Dabei tat er einen entscheidenden Schritt, der die Fertigungsstrategie von Toyota bis dato kennzeichnet. Weil das in seiner Weberei verwendete Garn nicht seinen Qualitätsansprüchen genügte, gründete Sakichi Toyoda eine eigene Garnspinnerei. Sein bis heute gültiges Credo lautete: „Stimmt die Qualität von zugelieferten Komponenten nicht und lässt sich kein besserer Lieferant finden, so fertige diese Komponenten selbst."

Diese Strategie setzte Toyota zuletzt mit dem Einstieg in die eigene Fertigung von Mikrochips um. Damit trägt das Unternehmen der schnell wachsenden Zahl von elektronischen Steuerungen in den Automobilen von Toyota und Lexus Rechnung. Vor allem für das Energiemanagement der Hybridantriebe müssen die Steuereinheiten höchsten Anforderungen an Leistungsfähigkeit und Qualität genügen.

Die üblicherweise in der Autoindustrie verwendeten Chips stammen von Zulieferern und sind „Einheitsware", die in den unterschiedlichsten Produkten wie Haushaltsgeräten, Unterhaltungselektronik oder der PC-Technik zum Einsatz kommt. Angesichts des obwaltenden Preisdrucks verfolgen die Produzenten das Ziel, möglichst einheitliche, vielseitig verwendbare Chips zu fertigen. Bei der Herstellung dieser Chips gilt eine Fehlerquelle von maximal einem Prozent als tolerabel. Die Chips, die dagegen in der Luft- und Raumfahrt zum Einsatz kommen, sind ohne Rücksicht in punkto Kosten auf ihren spezifischen Einsatz und kompromisslose Zuverlässigkeit hin konstruiert und gefertigt.

Toyota sucht bei seiner eigenen Fertigung von Steuerchips den Kompromiss aus Zuverlässigkeit, Funktionalität und Bezahlbarkeit. Die nunmehr in Eigenregie gefertigten Chips sind schon in ihrer Konzeption ausschließlich auf den Einsatz in automobilen Systemen hin ausgerichtet. Damit konnte Toyota die Fehlerrate auf 0,1 Promille reduzieren. Die durch die Eigenfertigung entstandenen Nebenkosten kompensiert Toyota durch eine verbesserte Zuverlässigkeit seiner Produkte, die somit nicht zuletzt für eine positive Kommunikation der Konzernmarken durch zufriedene Kunden sorgt. Außerdem sinken die Kosten für Gewährleistungsmaßnahmen signifikant.

Trotz des frappierenden technischen Aufschwungs, den Japan im frühen 20. Jahrhundert nahm, konnte sich eine Errungenschaft nicht etablieren: das Automobil. Bis lange nach dem zweiten Weltkrieg hatte eine nennenswerte Motorisierung in Japan keine

DIE EISENBAHN IST DAS WICHTIGSTE
MASSENVERKEHRSMITTEL JAPANS.
DER „SHINKANSEN" ERREICHT
GESCHWINDIGKEITEN VON 300 KM/H

Chance. Dies lag einmal in der ungünstigen Topografie des Landes begründet, die für den Aufbau eines leistungsfähigen Straßennetzes überproportionale Investitionen erfordert hätte. Auf der geringen zur Verfügung stehenden Fläche war die Etablierung einer Verkehrsinfrastruktur für Güter und Menschenmassen weit vordringlicher.

Wer 1902 als bildungsbeflissener Bürger zur seinerzeit aktuellen Ausgabe des Brockhaus'schen Konversationslexikons griff, konnte zum Thema „Japan. Verkehrswesen" folgende Daten nachlesen: „Das japanische Verkehrswesen beschränkt sich auf Dampfschifffahrt, an Eisenbahnen sind 5992 Kilometer in Betrieb. Die Stelle von Droschken nehmen zweirädrige, leichte, von Menschen gezogene Karren ein." 1903 nahm Japans erste Omnibusgesellschaft in Hiroshima ihren Betrieb auf. Das erste Taxi des Landes, ein Importfahrzeug, rollte mit seinen schmalen Reifen ab 1912 über die Straßen Tokios. Von den wenigen Automobilen, die aus Europa oder Amerika den Weg nach Japan fanden, überlebten auf den schlechten Straßen nur die robustesten Konstruktionen. Es dauerte bis 1919, bis die japanische Regierung eine erste Verordnung für den Straßenverkehr erließ.

Entsprechend zurückhaltend fielen die Bemühungen japanischer Automobil-Pioniere aus. Das erste japanische Auto mit einem amerikanischen Motor baute

1907 ein gewisser Shintaro Yoshida. Als erstes rein japanisches Auto ging der DAT-go von 1914 in die Geschichte ein. DAT stand für die Herren Den, Aoyama und Takeuchi, die die japanische Interpretation eines englischen Swift auf die Räder stellten. Ein erster zaghafter Schritt auf dem Weg zu einer Erfolgsgeschichte: Aus DAT wurde 1932 Datsun und ab 1981 Nissan. Das erste „in Serie" gefertigte japanische Auto, der Mitsubishi A, erreicht während seiner Bauzeit zwischen 1917 und 1921 eine Auflage von ganzen 30 Exemplaren.

Bis 1923 gab es trotz der engagierten Förderung von Wirtschaft und Industrie durch die japanische Regierung keinerlei Pläne für den Aufbau einer Autoindustrie. Zu diesem Zeitpunkt waren in Japan 12.000 Pkw registriert, in den USA dagegen über 23 Millionen. Doch wie so oft in der japanischen Geschichte, erwies sich eine Katastrophe als Initialzündung. Am 2. September 1923, 11.58 Uhr, erinnerte die gewalttätige Natur des Landes einmal mehr an ihre allgegenwärtige Macht. Ein Erdbeben von der Stärke 7,9 auf der nach oben offenen Richterskala erschütterte den Großraum Tokio. Die einstürzenden Holzbauten in Tokio und Yokohama entzündeten sich an der Herdfeuern, auf denen die Mittagsmahlzeiten garten. Innerhalb von Minuten starben über 140.000 Menschen, binnen weniger Stunden lagen 65.000 Gebäude in Schutt und Asche. Die Infrastruktur und der öffentliche Nahverkehr brachen total zusammen.

Diese Katastrophe verdeutlichte den Verantwortlichen schlagartig den Bedarf an motorisierten Verkehrsmitteln. Die 800 Fahrgestelle, die die Regierung in der ersten Not für den Bau von Omnibussen aus den Vereinigten Staaten importierten, lenkten die Aufmerksamkeit von Ford und General Motors auf den brachliegenden japanischen Markt mit niedrigen Zöllen und billigen Arbeitskräften.

1929 liefen im japanischen Werk von General Motors bereits 10.000, bei Ford 8000 Autos vom Band. Japanische Firmen mit Namen wie „Rokko", „Tsukuba", „Ikegai" oder „Kyosan", denen eher die Bezeichnung „Bastelbude" denn Automobilhersteller gerecht wurde, kamen im gleichen Zeitraum auf 400 Fahrzeuge.

Im Geist der Zielsetzung Sakichi Toyodas, Japan von ausländischen Waren unabhängig zu machen, beschäftigte sich dessen Sohn Kiichiro intensiver mit dem Thema Automobil. Zwar lag es im Sinne Sakichis, dass sich sein Sohn auf neuen Geschäftsfeldern umsah, denn Toyoda senior vertrat die Maxime „Eine Generation, ein Unternehmen", doch zeigte das Produkt

Automobil im Japan der späten 20er-Jahre auch bei wohlwollendster Betrachtung keinerlei Ansätze, einmal als florierende Geschäftsidee zu reüssieren.

Kiichiro Toyoda begann 1930, im Todesjahr seines Vaters, in einer Ecke seines Werkes mit automobilen Experimenten. Den Bedarf an Material und Arbeitskräften konnte das erfolgreiche Unternehmen problemlos verkraften. Das erforderliche Kapital für die Investitionen resultierte aus dem Verkauf von Patenten. Die Platt Brothers & Co Ltd aus dem britischen Oldham hatte 1929 für die Patente des „Automatic Loom Type G" 100.000 britische Pfund bezahlt. Als Sakichi Toyoda 1890 seinen ersten Webstuhl aus Holz gebaut hatte, war Platt Brothers & Co Ltd mit rund 15.000 Mitarbeitern noch der weltweit größte Produzent für Textilmaschinen gewesen.

Der erste Motor von Toyota sollte gemäß der Doktrin des Firmengründers ein japanischer Motor werden. Dazu waren Teile aus japanischer Fertigung erforderlich. Doch zur Herstellung dieser Teile gab es auf dem heimischen Markt nicht einmal die notwendigen Ma-

Kiichiro Toyoda, Sakichis Sohn, begann 1930 mit dem Aufbau der Auto-produktion. Das Kapital stammte aus Patenterlö-sen der Textiltechnik.

Der G-1 war 1935 der erste moderne Lastwagen, den Toyota vorstellte. Der Grill symbolisierte eine Maske des traditio-nellen No-Theaters.

Die ersten Versuche Toyo-tas, im Automobilbau Fuß zu fassen, orientierten sich stilistisch an Vorbil-dern amerikanischer Her-steller.

schinen. Importe aus Deutschland schlossen die Lücke. Fünf Jahre dauerte es, bis 1935 der Prototyp A1 mit einem Reihensechszylinder und 3,4 Litern Hubraum zum Leben erwachte. Die erste Ausfahrt endete nach 20 Kilometern am Haken eines Pferdefuhrwerks, das für die Rückreise erforderlich geworden war.

Mitte der 30er-Jahre änderte sich das Klima für die japanische Autoindustrie. Einerseits schuf ein allgemeiner konjunktureller Aufschwung eine gewisse Nachfrage, andererseits beförderte die massive Aufrüstung der kaiserlichen Armee die Nutzfahrzeugindustrie in eine Schlüsselstellung. Der erste Lastwagen aus der Fertigung Toyotas trug die Bezeichnung G-1. Bei seiner Premiere 1935 erwies er sich zwar als um acht Prozent billiger als amerikanische Konkurrenten aus japanischer Fertigung. Doch der günstige Preis machte die Unausgereiftheit und daraus resultierende Unzuverlässigkeit nicht wett. Die nachhaltige Weiterentwicklung der Fahrzeuge sorgte jedoch bald für eine angemessene Reife. Die Standfestigkeit des A-1 von 1936 erwies sich als so ermutigend, dass mit dem AA Sedan der erste Personenwagen Toyotas

in Kleinserie entstand. Ein modernes Auto mit geschlossener Karosserie und aerodynamischer Linie, dem Chrysler De Soto „Airflow" von 1934 nachempfunden, der seinerzeit als Stil bildende Innovation im Automobilbau galt. Der Sechszylinder des Toyota AA Sedan leistete 65 PS.

1936 konnte Toyota seine ersten Fahrzeuge offiziell präsentieren. Das Echo der Öffentlichkeit fiel so überzeugend aus, dass die zuständigen Behörden dem neuen Geschäftszweig der Unternehmerfamilie Toyoda ihren offiziellen Segen erteilten. Dieses Plazet war erforderlich, da sich die japanische Wirtschaft zu diesem Zeitpunkt bereits an den Vorgaben einer Kriegswirtschaft orientierte und Betriebe auf die Zuweisung der für ihre Produktion erforderlichen Materialien angewiesen waren. Japan eröffnete den zweiten Weltkrieg mit dem Einmarsch in China 1937. Einen Monat vor der offiziellen Gründung der „Toyota Motor Company" (TMC) waren die japanischen Truppen in die Mandschurei einmarschiert, um einmal mehr die rohstoffreiche chinesische Provinz für das kaiserliche Japan zu besetzen. Der stetig wachsende Bedarf der Streitkräfte an Last-

Von Beginn an orientierte sich Toyota in der Fertigung an den Techniken der Textilproduktion. Der AA Sedan verfügte bereits über eine aerodynamische Karosserie.

wagen füllte die Auftragsbücher von Toyota. Allein 1938 bestellte die Armee 20.000 Lastwagen.

Dieser Auftrag erwies sich als zweischneidig, denn noch fehlten die Kapazitäten, eine solch umfangreiche Produktion zu bewältigen. Toyota hatte zu diesem Zeitpunkt seine erste Fabrik in Koromo, rund 50 Kilometer östlich von Nagoya, in Betrieb genommen, in einer Region, die später einmal den Namen „Toyota City" tragen sollte. Die notwendigen Zulieferer siedelte Kiichiro Toyoda in unmittelbarer Nachbarschaft zur Fabrik an. Darunter die Firma Tokai Seiki, die Kolbenringe für die Motoren produzierte. Der Inhaber verkaufte sein Werk 1945 an Toyota und machte sich auf einem ganz neuen Geschäftsfeld selbständig. Soichiro Honda gründete sein eigenes Motorenwerk.

Die Erfolge der kaiserlichen Truppen auf dem Schlachtfeld, die riesigen Eroberungen, die die Grenzen Japans im Norden bis in Reichweite der Aleuten, im Süden bis an die australische Nordküste und im Westen bis hinter Burma ausdehnten, beflügelten den japanischen Nationalismus und motivierten die Militärführung am 7. Dezember 1941 mit dem Überfall auf die amerikanische Flotte in Pearl Harbour, den Krieg auf den östlichen Anrainer des pazifischen Ozeans auszudehnen.

Kiichiro Toyoda, ein Pragmatiker von Hause aus, hatte als einer der ganz wenigen seiner Landsleute die USA ausgiebig bereist und dabei einen Eindruck von der Größe des Landes, seinen Möglichkeiten und vor allem seiner Wirtschaftskraft gewonnen. Er hegte insgeheim Zweifel, dass seine Heimat den Krieg gegen Amerika gewinnen könnte und dachte, was der siegreiche Großadmiral Isoroku Yamamoto (1884-1943) nach dem erfolgreichen Angriff auf die amerikanische Pazifik-Flotte offen ausgesprochen hatte: „Wir haben einen schlafenden Giganten geweckt."

Die Äußerungen des Großadmirals und die Bedenken des Unternehmers erwiesen sich als richtig. Gegen die führende Wirtschaftsnation der Welt, die es schaffte, jeden Monat einen neuen Flugzeugträger vom Stapel zu lassen und Zigtausende von Jagdflugzeugen und Bomber für zwei riesige Kriegsschauplätze zu fertigen, hatte Japan keine Chance. Schließlich fiel die Niederlage des Landes noch totaler aus als die seiner deutschen Alliierten. Zu einer zu einem Drittel zerstörten Industriekapazität, 60 Großstädten, die zu mehr als 50 Prozent zerstört waren und 6,5 Millionen Flüchtlingen aus den Gebieten außerhalb Japans, gesellte sich noch das Stigma der beiden Atombombenexplosionen über Hiroshima und Nagasaki. Am 15. August 1945 endeten

die unmittelbaren Schrecken des Krieges, als die Japaner zum ersten Mal in ihrem Leben live die Stimme ihres Kaisers aus dem Radio vernehmen durften. Der Tenno kommentierte seinen Landsleuten die Kapitulation mit den Worten: „Die Kriegslage hat sich nicht unbedingt zu Japans Vorteil verändert."

Dieser Euphemismus bedeutete jedoch auch die Rettung des jungen Automobilproduzenten. Die Planung der amerikanischen Luftwaffe hatte die Bombardierung der Toyota-Werke für den 21. August vorgesehen. 10.000 Mitarbeiter standen bei der Toyota Motor Company seinerzeit auf der Lohnliste. Unmittelbar nach dem Krieg bestand ein besonders dringender Bedarf an Lastwagen, um die Trümmer in den Städten zu beseitigen. Toyota hatte die Feindseligkeiten als einziger japanischer Hersteller mit unzerstörter Fertigungskapazität überstanden und konnte somit bereits Ende 1945 die Produktion von 1500 Lastwagen wieder aufnehmen.

## Kein Nachkriegsbedarf an Personenwagen

In den ersten Nachkriegsjahren kam die Fertigung von Pkw in Japan praktisch zum Erliegen. Die Amerikaner importierten Autos für ihren Eigenbedarf aus der Hei-

mat. Wenn überhaupt blieb für einen japanischen Hersteller nur die Nische der Fahrzeugklasse mit weniger als 1,5 Litern Hubraum. Konsequenterweise war der erste Nachkriegs-Toyota ein Kleinwagen mit einem Liter Hubraum und 27 PS. Ein Geschäft ließ sich damit nicht machen. Die Herstellung von Autos blieb eine teure Liebhaberei der Unternehmer. Umsatz und Gewinn erwirtschafteten die Textilmaschinen. Wegen einer galoppierenden Inflation intervenierte die Regierung 1949 mit drastischen Maßnahmen zur Reglementierung der Geldmenge und unterband damit die sowieso schon geringe private Nachfrage nach Autos. Die Toyota Motor Company geriet an den Rand der Pleite.

In der unmittelbaren Nachkriegszeit vollzog sich der wirtschaftliche Aufschwung bei den beiden Verlierern des Weltkriegs, Deutschland und Japan, ganz unterschiedlich. Die steigenden Spannungen zwischen den westlichen Alliierten und der Sowjetunion und die schlechten Lebensbedingungen in Europa und im besiegten Deutschland, denen alleine im „Hungerwinter" 1946/47 rund 400.000 Menschen zum Opfer fielen, ließen im amerikanischen Außenministerium einen Plan entstehen, den Außenminister George C. Marshall (1880-1959) 1947 vorstellte. Der ehemalige General, der als Oberbefehlshaber der alliierten Streit-

1955 bildeten Pkw noch die Ausnahme in der Toyota Fertigung. Sie stellten nur 30 Prozent der Gesamtproduktion von 70.000 Fahrzeugen.

kräfte seine Truppen zum Sieg über Deutschland geführt hatte, hatte erkannt, dass Europa als Markt für die amerikanische Überproduktion genauso entwickelt werden musste wie Deutschland als Bollwerk gegen den kommunistischen Block. Der „Marshallplan", das „European Recovery Program", bescherte Westeuropa zwischen 1947 und 1951 Kredite, Rohstoffe, Lebensmittel und Waren im Wert von fast 13 Milliarden Dollar.

Die ökonomische Initiative der Amerikaner beschleunigte in Deutschland das Wirtschaftswunder bereits in den späten Vierzigern. 1950 liefen bei Volkswagen schon 81.000 Käfer von den Bändern. Die Stimmung des amerikanischen Kongresses und der Bevölkerung brachte in der Nachkriegszeit gegenüber Japan weit weniger Sympathie auf, zudem maßen die Amerikaner Japan nicht die gleiche strategische Bedeutung wie Deutschland bei. Deshalb bestand aus amerikanischer Sicht nicht die Notwendigkeit, auch für Japan einen „Marshallplan" ins Leben zu rufen. 1950 entstanden in Japan insgesamt 1594 Personenwagen.

Ausgerechnet eine weitere militärische Auseinandersetzung rückte Japan dann doch in den Mittelpunkt des strategischen Interesses der USA und sorgte für die Initialzündung des japanischen Wirtschaftswunders. Mit dem Überschreiten des 38. Breitengrads durch die Truppen des kommunistisch beeinflussten Nordkorea am 25. Juni 1950 begann der „Hanguk-jeonijang", so die Übersetzung der formellen Bezeichnung „Koreakrieg".

In dem bis zum 27. Juli 1953 dauernden Konflikt, bei dem rund 6,5 Millionen Menschen getötet oder verletzt wurden, schulterte Amerika die Hauptlasten des Verteidigungskampfes. Um den enormen Materialbedarf der Alliierten aus 17 Nationen zu decken und wegen der strategischen Nachbarschaft Japans zum Kriegsschauplatz, nahm die USA die japanische Industrie in die Pflicht. Dieser Impuls beschleunigte die Wirtschaft des Landes nachhaltig. Aus der rapide wachsenden Industrieproduktion entwickelte sich Wohlstand, der auch die Nachfrage nach Automobilen ankurbelte.

1950 übernahm der erst 37-jährige Eiji Toyoda, ein Neffe Kiichiros, den Posten des Entwicklungschefs der Toyota Motor Company. Eine dreimonatige Studienreise durch die USA brachte ihn zu dem Schluss, dass er für künftige Entwicklungen bei Fertigung und Vertrieb seines Unternehmens keine amerikanischen Vorbilder nutzen konnte. Allein die Ford Motor Company stellte zu diesem Zeitpunkt rund 8000 Autos am Tag her, mithin in eineinhalb Arbeitsstunden die japanische Jahresproduktion von 1950. Toyota musste für Produktion und Logistik einen eigenen, einen japanischen Weg gehen.

Das Produktionssystem, das Eiji Toyoda entwickelte, sicherte Toyota einen enormen Kostenvorteil. Als Vorbild diente die Logistik des Einzelhandels. In einem Supermarkt beispielsweise gibt es nur einen geringen Bestand an gelagerten Waren. Erst wenn eine Ware für den Abverkauf unmittelbar benötigt wird, sorgt die

DIE PRODUKTIONSMETHODEN DES „KAIZEN"
EROBERTEN DIE TOYOTA FERTIGUNG AB MITTE
DES LETZTEN JAHRHUNDERTS

**Der Zweiliter-Sechszylinder des 2000 GT von 1965 war bei seiner Präsentation das innovativste Triebwerk seiner Klasse.**

**Shoichiro Toyoda entwickelte die Produktionstechnik „Just-in-time" zum weltweiten Vorbild.**

Warenlieferung für den erforderlichen Nachschub. Nach diesem Prinzip organisierte die Toyota Motor Company bereits in den frühen Fünfzigern ihre Fertigung. Die erste „Just-in-time"-Produktion wurde zum Vorbild für die Autoindustrie in der ganzen Welt. Das Prinzip ist einfach: Zulieferbetriebe bringen Teile und Material erst dann in der erforderlichen Menge zur Endmontage, wenn sie tatsächlich benötigt werden.

Diese Form der Produktion verringert nicht nur die Kosten durch den Wegfall der Lagerhaltung für Material und Komponenten, sie führt auch zu einer nachhaltigen Verbesserung der Qualität. Fehler in Teilen, die das sorgsam abgestimmte Gefüge der Produktion stören könnten, lassen sich so schneller finden und beheben. Diese Produktionsstrategie eroberte als „kaizen" die industrielle Fertigung in der zweiten Hälfte des letzten Jahrhunderts – als beständiges „Streben nach Vollendung".

## Käfer? Nein danke!

Den Architekten ihres Wirtschaftswunders bezeichnen die Japaner mit „tsusho-sangyo-sho": das MITI, „Ministry of International Trade and Industry". Die 1949 aus der japanischen Handelsagentur und dem Ministerium für Gewerbe und Industrie gebildete Institution sollte die Nachkriegsinflation bekämpfen und die Maßnahmen zur Wiederherstellung der industriellen Produktivität und Beschäftigung steuern. Während Deutschland gegen die freie Marktwirtschaft Amerikas seine soziale Marktwirtschaft setzte, ging Japan wiederum einen eigenen Weg, den einer gelenkten Marktwirtschaft.

Die Einflussnahme des MITI auf die Wirtschaft ging weit, ohne freilich in die Fehler einer staatlich gelenkten Planwirtschaft zu verfallen. In den frühen Fünfzigern errichtete das MITI zum Schutz der nationalen Autoindustrie hohe Zollschranken. Der Erfolg des VW Käfer, der 1954 bereits die Produktionszahl von 600.000 Einheiten überschritten hatte, inspirierte das Ministerium, ein vergleichbares Konzept für die japanischen Autobauer zu formulieren und für die schnelle Umsetzung entsprechende Lizenzen aus dem Ausland zu erwerben. Das ging Eiji Toyoda zu weit. Er widersetzte sich diesen Plänen der japanischen Ministerialbürokratie, um gemäß der Familientradition „Fortschritte aus eigener Kraft und ohne fremde Hilfe" zu erzielen. Seine Antwort rollte am 1. Januar 1955 erstmals feierlich vom Band: Der Toyota Crown, eine sechssitzige Limousine mit einem 48 PS starken 1,5-Liter-Vierzylinder, traf den Nerv seiner Landsleute. 1956 überschritt die Monatsproduktion bereits die Grenze von 1000 Einheiten.

Die spezifische Eigenheit des japanischen Wirtschaftssystems, bei großen Industrieunternehmen nicht den kurzfristigen Gewinn in den Mittelpunkt der Aktivitäten zu stellen, schafft Raum für Visionen und erleichtert Investitionen, die sich erst mittel- bis langfristig auszahlen. Zu diesem Zeitpunkt produzierte die Toyota Motor Company (TMC) etwa 70.000 Fahrzeuge im Jahr. Rund 70 Prozent entfielen dabei auf leichte Nutzfahrzeuge und Lastwagen. Trotzdem arbeitete Eiji Toyoda an seiner Vision eines Pkw-Werks mit einer Produktionskapazität von 5000 Einheiten im Monat, das die TMC in Gestalt der Produktionsstätte Motomachi schließlich realisierte.

Die Intentionen des MITI zu ignorieren, durch Lizenzerwerb eine japanische Produktion des Käfers zu starten, wirkte sich zunächst auch auf den Export japanischer Autos negativ aus. Auf dem US-Markt, dessen Hersteller die unteren Fahrzeugklassen komplett ignorierten, hatte sich in den 50er-Jahren der Käfer eine Monopolstellung gesichert. Toyotas Versuch, 1957 mit zwei Crowns vorsichtig in den USA Fuß zu fassen, endete desaströs. Was den japanischen Geschmack traf, erwies sich in Amerika als nicht konkurrenzfähig. Die nächsten fünf Jahre beschränkte sich Toyota damit, Pick-ups und Geländewagen in die USA zu verschiffen.

Für die japanische Autoindustrie platzte der Knoten zu Beginn der 60er-Jahre des 20. Jahrhunderts. 1960 entstanden bereits 165.094 Pkw. Innerhalb von fünf Jahren vervierfachte sich die Produktion auf 696.174 Einheiten. 1970 setzte sich Japan mit 3.178.708 Einheiten an die dritte Stelle der Auto bauenden Nationen hinter die USA (6.550.173) und Deutschland (3.379.511). Innerhalb der Dekade wuchs Toyota zum Produktionsmillionär mit 1.068.321 Fahrzeugen (1970).

Die Sechziger sahen auch den beginnenden Expansionsdrang der japanischen Autobauer auf die Exportmärkte. Toyota fasste 1963 in Europa Fuß und gründete 1969 seine Zentrale in Brüssel. 1971 begann der Verkauf von Fahrzeugen in Deutschland. Um das Unternehmen langfristig zu stabilisieren, von lokalen Wirschaftskrisen, Währungsschwankungen und Transportkosten unabhängig zu machen, gab Shoichiro Toyoda in den Achtzigern die Devise aus, mindestens ein Drittel der Fahrzeugproduktion ins Ausland zu verlegen. Mit rund 75 Modellen, die weltweit in 50 Werken von den Bändern laufen und in 160 Länder verkauft werden, hat Toyota sich bis heute die Stellung als der bei weitem ertragreichste und wirtschaftlich stabilste Autohersteller der Welt erarbeitet. Seit 2007 auch die des größten.

# Komponenten von unterschiedlichstem Charakter

**Mit dem 800 GT unternahm Toyota 1977 die ersten Gehversuche mit einem Hybridantrieb.**

Vor mehr als 35 Jahren trat Toyota seinen konsequenten Weg zum Hybridantrieb an. Als Antriebskomponente gesetzt war nur der elektrische Generator. Beim Verbrennungsaggregat stand ursprünglich der Kolbenmotor noch nicht im Fokus. Somit kombinierte das Unternehmen beim ersten Hybridfahrzeug, das auf der Tokyo Motorshow 1975 debütierte, eine Gasturbine mit einem Elektromotor. Im Rahmen der weiteren Entwicklungsarbeit zeigte sich schnell, dass der Ottomotor am geeignetsten schien, die Rolle der Verbrennungsmaschine im Hybrid zu übernehmen. Deshalb stellte Toyota die Entwicklungsarbeiten an der Gasturbine nach der Vorstellung des 800 GT 1977 ein.

Die Entscheidung zugunsten des Ottomotors für den Part der herkömmlichen Verbrennungskraftmaschine im Hybridantrieb von Toyota fiel nach intensiven Untersuchungen. Toyota orientiert sich als Global Player im Automobilbau am Weltmarkt. Die Verteilung von Motorkonzepten sieht folgendermaßen aus: Weltweit dominiert der Ottomotor den Antrieb von Fahrzeugen. Sein Anteil liegt bei Pkw bei 85 Prozent. Dieselmotoren spielen nur in Europa eine wichtige Rolle. In den USA

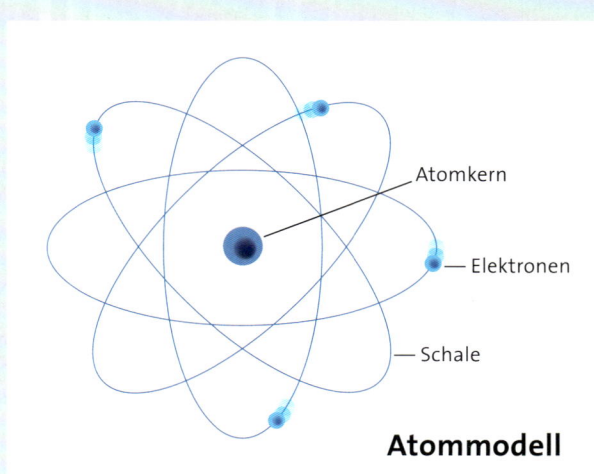

**Atommodell**

**Die Elektronen umkreisen den Atom-
kern mit rund 2200 km pro Sekunde.**

**Robert Bosch (1861-1942) führte die
Elektrik in der Autotechnik ein.**

beträgt der Anteil an Dieselmotoren bei Pkw 0,4 Prozent. Eine vergleichbar untergeordnete Rolle spielt der
Diesel im Pkw auf weiteren wichtigen Kernmärkten wie
Asien. Dazu addieren sich Vorteile beim Gewicht, bei
der Abgasreinigung und den Produktionskosten.

Der moderne Hybridantrieb umfasst insgesamt sechs
zentrale Komponenten:
- Verbrennungsmotor
- Generator
- Elektromotor
- Energiespeicher
- elektronische Steuerung für das
  Energiemanagement
- Kraftübertragung

Die beiden Antriebskomponenten könnten in ihrer Arbeitsweise und ihrem Aufbau nicht unterschiedlicher
ausfallen. Genau genommen sind Elektro- und Verbrennungsmotor Energiewandler. Der Verbrennungsmotor wandelt die im Kraftstoff gebundene chemische Energie in eine Drehbewegung um. Der Generator gewinnt aus einer Drehbewegung elektrische Energie, die sich wiederum in einer Batterie speichern lässt.

Diese Energie kann der Elektromotor wiederum in eine
Drehbewegung umsetzen.

Die sechs wesentlichen Komponenten des Hybridantriebs sind, jeweils für sich genommen, komplexe technische Einheiten. Für das nähere Verständnis der Wirkungsweise des Hybridantriebs, der physikalischen, chemischen und mechanischen Abläufe, ist es erforderlich,
sich ein wenig mit den Grundlagen der jeweiligen Technik, mit etwas Chemie und Physik zu beschäftigen. Die
einzelnen Abschnitte dieses Kapitels wagen den Versuch, diese Zusammenhänge dem Laien frei von Formeln und Gesetzen zu vermitteln und den Fachmann
bei der Lektüre trotzdem angenehm zu unterhalten.

## Ein Ausflug in das Allerkleinste

„Es gewinnt den Anschein", prophezeite 1895 der ös-
terreichische Elektroingenieur Alfred Ritter von Urba-
nitzky, „als ob durch die Nutzung der jungen Energie
Elektrik ein neues Zeitalter, eine neue Epoche in der

**Die Mondrakete, das schnellste von Menschenhand geschaffene Objekt, erreicht 40 Kilometer pro Sekunde.**

das Energiemanagement des Hybridantriebs übernimmt. Ohne Elektronik in ihrer höchsten Entwicklungsstufe gäbe es auch keinen Hybridantrieb.

Alles beginnt im Allerkleinsten, mit dem Atom. Die Erstehung und Vorstellung dieses Begriffs liefert ganz nebenbei ein eindrucksvolles Beispiel, wie turmhoch das menschliche Gehirn seit jeher dem leistungsstärksten Prozessor überlegen ist. Bereits vier Jahrhunderte vor unserer Zeitrechnung kam der griechische Philosoph Demokrit (460-371 v. Chr.) in seiner Heimatstadt Aderba, einer griechischen Kolonie in Thrakien, durch Nachdenken zu der Erkenntnis, dass jedes Ding, jeder Stoff, so lange geteilt werden kann, bis er so winzig ist, dass nur noch ein „Atomos", ein „Unteilbares" übrig bleibt.

Erst im 19. Jahrhundert gelang der Wissenschaft der Nachweis, dass diese 2400 Jahre alte Idee vom Atom grundsätzlich richtig ist. Grundsätzlich, denn die moderne Forschung fand heraus, dass auch das „Unteilbare" wiederum aus unterschiedlichen Komponenten besteht: aus einem Kern und Elektronen, die diesen Kern auf Bahnen wie Schalen umkreisen. Dimensionen und physikalische Abläufe in diesem Allerkleinsten sind derart extrem, dass sie die menschliche Vorstellungskraft schnell in ihren Grenzbereich führen. Die Geschwindigkeit, mit der die Elektronen ihre Arbeit verrichten, beispielsweise. Die rund 2200 Kilometer pro Sekunde, die jedes Elektron zurücklegt, entsprechen der Entfernung Köln – München – Hamburg und zurück innerhalb eines Zeitraums, der erforderlich ist, die Zahl 21 auszusprechen. Auf den Maßstab eines Atoms mit einem durchschnittlichen Durchmesser von 0,0000000003 Metern heruntergerechnet bedeutet das 2,5 Billionen Runden pro Sekunde. Billionen sind dreizehnstellige Zahlen, die nur Bundesfinanzministern geläufig sind, weil sie es gewohnt sind, sich mit dem Thema Staatsverschuldung auseinanderzusetzen.

Das schnellste von Menschen erbaute Flugobjekt, die Mondrakete, erreichte bei ihrer Fluchtgeschwindigkeit aus der irdischen Anziehung rund 40 Kilometer pro Sekunde.

Kulturgeschichte der Menschheit beginnen sollte." Zu diesem Zeitpunkt begann die „junge Energie" Elektrizität flächendeckend Städte, Straßen, Gebäude und Stuben zu beleuchten, Maschinen und ihre Leistungsfähigkeit auf ein nicht zuvor gekanntes Maß zu beschleunigen, Kommunikation via Telegraf über Kontinente hinweg zu demokratisieren und nicht zuletzt den Glauben an die unbegrenzten Möglichkeiten des technischen Fortschritts zu nähren.

Auch das Automobil jener Tage, noch in seinen Kinderschuhen, profitierte von dieser Entwicklung. Weniger beim Antrieb, wie die Versuche Ferdinand Porsches belegten, aber in anderen Bereichen der Alltagstauglichkeit. Beispielsweise durch die Magnetzündung, die Robert Bosch (1861-1942) 1897 vorstellte, oder den elektrischen Anlasser und die Beleuchtung.

Elektrische Energie, die ein Generator erzeugt, beziehungsweise für den Antrieb wieder zur Verfügung stellt, bildet auch die physikalische Grundlage von Leitern und Halbleitern. Leiter und Halbleiter bilden wiederum die Basis für die elektronische Steuerung, die

## Schema der Ionenbildung

neutrales Atom          positives Ion          negatives Ion

**Elektrische Ladungsträger entstehen durch die Abgabe, beziehungs-
weise Aufnahme eines Elektrons.**

## Raumgitter von Metallen mit Elektronenwolke

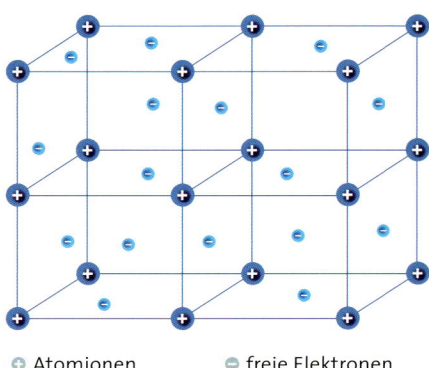

⊕ Atomionen          ⊖ freie Elektronen

Obwohl das Gewicht eines Elektrons kaum nachweis-
bar ist, würden die Fliehkräfte aus dieser enormen Geschwindigkeit ausreichen, die Massenkräfte des Kerns
zu überwinden. Deshalb muss innerhalb des Atoms eine
Kraft wirken, die weit stärker als die Schwerkraft ist: die
elektrische Kraft. Der Nachweis der elektrischen Kraft
und ihrer Überlegenheit über die Anziehungskraft ge-
lingt mit einem einfachen Versuch: Man reibe mit Wol-
le kurz die Oberfläche einer Kunststofffolie und schon
zieht die Folie leichte Körper wie Watte oder Papier an.

Da Elektron und Kern gegenseitig elektrische Kräfte
aufeinander ausüben, lautet ihre Bezeichnung auch
„Ladungsträger". Die Tatsache, dass sich gleiche Ladungsträger, sowohl Elektronen wie Kerne, untereinan-
der gegenseitig abstoßen, führt zu der Erkenntnis, dass
sich Ladungen unterscheiden müssen. Daraus resultieren die Bezeichnungen „positive Ladung" für den
Kern und „negative Ladung" für das Elektron. Somit
lautet das Gesetz für elektrische Ladungen: „Gleichna-
mige Ladungen stoßen sich ab, ungleichnamige Ladungen ziehen sich an." Der Fachausdruck für den po-
sitiven Ladungsträger lautet „Proton". Jedes natürliche
Element enthält grundsätzlich gleich viele Elektronen

wie Protonen. Um elektrischen Strom zu erzeugen, sollte nun im wahrsten Sinn des Wortes „Bewegung ins
Spiel" kommen. Dafür müssen sich die Ladungen in
Bewegung setzen, genau gesagt in eine „gerichtete Bewegung". Das setzt jedoch einen Stoff voraus, der be-
wegliche Ladungsträger in ausreichender Zahl besitzt.
Stoffe, die über diese Eigenschaften verfügen, eignen
sich als elektrische Leiter.

Die besten elektrischen Leiter sind Metalle wie Kupfer,
Silber, Gold, Eisen oder Aluminium. Ihre Qualifikation
als elektrische Leiter verdanken Metalle ihrer Fähigkeit,
eine so genannte „Metallbildung" einzugehen. Dabei
richten sich die Atome in einer bestimmten Gitterstruktur aus. In der Schale mit der größten Entfernung
zum Kern der Metallatome bewegen sich die so genannten „Valenzelektronen". Das sind die Elektronen
mit der schwächsten elektrischen Bindung zum Kern.
Die bewegungsfreudigen Valenzelektronen formieren
sich innerhalb der Gitterstruktur zu einem Verband,
der die offizielle Bezeichnung „freie Elektronen" trägt.
Mit elektrischem Gefälle in eine bestimmte Richtung
lässt sich der Verband freier Elektronen durch die Gitterstruktur „treiben". Die korrekte Bezeichnung für die-

— 28 Minuten —

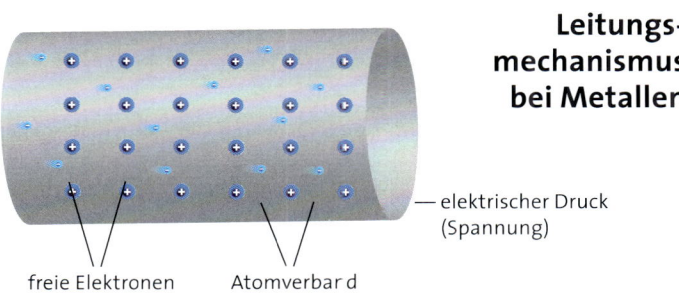

### Leitungs-
### mechanismus
### bei Metallen

— elektrischer Druck
(Spannung)

freie Elektronen       Atomverband

Der Strom der Elektronen bewegt sich im Stromkreis beschaulich. Vom Nebelscheinwerfer bis zur Kennzeichenbeleuchtung einer rund fünf Meter langen Limousine benötigt ein Elektron rund 28 Minuten.

sen Druck lautet „Spannung". Unter Spannung beginnen die Elektronen zu strömen und fertig ist sozusagen der elektrische Strom.

Dieser Stromfluss der Elektronen bildet immer einen Kreislauf, den Stromkreis. Durch diesen Kreislauf beziehungsweise Stromkreis findet innerhalb des leitenden Metalls bei Stromfluss keine stoffliche Veränderung statt, es entsteht also kein Verschleiß beim Metall. Im Gegensatz zu der enormen Geschwindigkeit, mit der die Elektronen bei ihrer Fortbewegung die Vor-

stellungskraft sprengen, bewegt sich der Strom der Elektronen im Stromkreis beschaulich. Er legt rund drei Millimeter pro Sekunde zurück. Mit der Wanderung vom Frontscheinwerfer zum Rücklicht durch das Leistungsnetz einer fünf Meter langen Luxuslimousine ist ein freies Elektron etwa 28 Minuten lang beschäftigt. Im Gegensatz zu den Elektronen in der Gitterstruktur des Leiters fließt der Strom selbst mit annähernd Lichtgeschwindigkeit. Er fließt in dem Moment, in dem sich die Valenzelektronen in Bewegung setzen, und dies ist unter Spannung fast augenblicklich der Fall.

DER INSTRUMENTENBAUER
HIPPOLYTE PIXII (1808-1835) BAUTE
1832 DIE ERSTE MAGNETO-ELEKTRISCHE
WECHSELSTROMMASCHINE

So anspruchsvoll es ist, Aufbau und Funktion eines elektrischen Leiters zu erklären, so leicht fällt dies bei Nichtleitern: Keine Valenzelektronen, keine elektrische Leitfähigkeit. Nichtleiter sind feste Stoffe wie Glas, Porzellan, Gummi, Papier oder Asbest, aber auch Flüssigkeiten wie Öle, Fette oder destilliertes Wasser. Ohne nicht leitende Stoffe gäbe es jedoch keine Leiter, denn sie dienen dazu, um als Isolationsmaterial die stromführenden Leiter gegenseitig abzuschirmen. Dann gibt es da natürlich noch die Halbleiter. Doch die bekommen ihren Auftritt erst einige Seiten später.

## Energieerzeugung und Antrieb

Der elektrische Generator leitet seinen Namen vom lateinischen „generare" ab, was soviel wie „hervorholen", „erzeugen" bedeutet. Der Generator nimmt eine doppelte Funktion wahr. Er ist in der Lage, Bewegungsenergie beziehungsweise mechanische Energie in elektrische Energie umzuwandeln. Gleichzeitig erlaubt sein technischer Aufbau auch den Einsatz als Motor, der elektrische Energie in Bewegungsenergie umwandelt.

Die mechanische Energie, die der Generator zur Umwandlung in elektrische Energie benötigt, erhält er durch die Drehbewegung einer mechanischen Welle,

dem „Rotor". Um die Wandlung der mechanischen in elektrische Energie zu ermöglichen, muss die Drehbewegung in einem Magnetfeld erfolgen. Dieses Magnetfeld entsteht durch die Drehung des Rotors gegenüber dem Gehäuse, dem „Rator". Die Kräfte, die durch das Magnetfeld auf die bewegten elektrischen Ladungen einwirken, hat der holländische Physiker und Mathematiker Hendrik Anton Lorentz (1853-1928) als so genannte „Lorentzkraft" beschrieben. Die mechanische Welle des Generators muss zur Stromgewinnung mit einem elektrischen Leiter umgeben sein. Dazu dienen Wicklungen aus Kupferdraht. Bewegt sich der Leiter durch Drehung der Welle senkrecht zum Magnetfeld, wirkt die Lorentzkraft auf die Ladungen in Richtung dieses Leiters und setzt sie so in Bewegung. Diese Verschiebung der Ladung bewirkt eine Differenz der Potenziale zwischen den Enden des elektrischen Leiters, die so genannte „elektrische Spannung".

## Elektronik: Am Anfang war das Wort

Die physikalische Nähe der Elektrik zur Elektronik legt nahe, diesen Themenkreis an dieser Stelle zu beleuchten, denn ohne die Elektronik, die die Verwaltung von Energiegewinnung, -speicherung und -abgabe koordiniert, wäre der Hybridantrieb nicht denkbar, wie das

Scheitern der frühen Versuche Ferdinand Porsches mangels geeigneter Technik belegt.

Unwidersprochen ist die Elektronik ein komplexes Thema mit zahllosen Unbekannten, das für den Laien eine klare Eingangsfrage formuliert: „Was ist eigentlich Elektronik?" Natürlich ist schon der Begriff höchst offiziell definiert. Die „Internationale Elektrotechnische Kommission" („ICE – International Electronic Commission") bezeichnet die Elektronik als „Zweig der Wissenschaft und Technik, der sich mit der Erforschung und Nutzung der physikalischen Erscheinungen in Gasen, in Festkörpern und im Vakuum befasst, die mit dem elektrischen Stromfluss zusammenhängen." Vereinfacht ausgedrückt bedeutet das: „Elektronik beobachtet und beeinflusst physikalische Abläufe auf Grundlage der Elektrik."

Bleiben wir bei der reinen Lehre des Wortes. Korrekterweise gehören elektronische Steuerungen und Systeme, wie sie im Auto zum Einsatz kommen, zum Bereich der Mikroelektronik. Diesen Bereich definiert sogar eine DIN-Norm (DIN 41 857): „Mikroelektronik ist ein Teilgebiet der Technik, welches Entwurf, Konstruktion, Technologie, Fertigung und Anwendung von stark miniaturisierten elektronischen Schaltungen betrifft."

Für einen technischen Laien hat die moderne Elektronik eine geradezu mystische Dimension angenommen. Das resultiert aus dem Phänomen, dass elektronische Systeme und Steuerungen so komplex und verwirrend erscheinen, weil sie auf scheinbar geringsten Räumen eine kaum erfassbare Zahl von Funktionen zusammenfassen. Grundsätzlich setzen sich alle elektronischen Bauteile und Systeme aus zwei Komponenten zusammen:

- Prozessor oder Mikroprozessor = Hardware
- Steuerprogramm = Software

Ein Blick auf die historische Entwicklung dieser Technik befreit die Komplexität und Leistungsfähigkeit moderner elektronischer Systeme schnell von ihrer geheimnisvollen Aura. Der aktuelle Leistungsstand

elektronischer Systeme ist das Ergebnis eines langen Entwicklungsprozesses, zu dem die Leistung von ungezählten Ingenieuren und Technikern, Wissenschaftlern, Unternehmen und Forschungseinrichtungen beigetragen hat. Der gesamte finanzielle Aufwand für Forschung und Entwicklung in der Elektronik lässt sich bereits in Billionen von Euro bemessen.

Elektronische Systeme sind Systeme, die Rechenoperationen in der einfachsten möglichen Form durchführen. Dazu reichen zwei Zahlen, „0" und „1". Diese zwei Zahlen stellt der Rechner oder Computer (vom englischen Verb „to compute" = rechnen) mit dem Stromfluss dar. Fließt kein Strom, bedeutet das „0", fließt Strom, heißt das „1". Mit „0" und „1" lassen sich alle denkbaren Rechenoperationen durchführen.

Der Computer ist eine Maschine, die Informationen mit Hilfe einer programmierbaren Rechenvorschrift, dem Programm oder der Software, verarbeitet. Zum Rechnen benötigt der Computer Zahlen. Wann der Mensch das Konzept der Zahl entdeckt hat, lässt sich nicht mehr rekonstruieren. Vermutlich hat es sich bereits im Rahmen der ersten Kommunikation zwischen zwei Individuen entwickelt. In allen bekannten Sprachen finden sich Begriffe für mindestens zwei Zahlen, „eins" und „zwei". Das Konzept der Zahlen führte zur Entwicklung von Rechenoperationen. Erst einfachen wie Addition, Subtraktion, Multiplikation und Division, dann Quadratzahlen, Quadratwurzeln. Der nächste wichtige Schritt war die Darstellung dieser Rechenoperationen in Formeln. Formeln sind in der Mathematik das, was in der Physik die Gesetze sind: Sie sind in jeder Hinsicht überprüfbar und führen immer zu einem richtigen Ergebnis. Darstellungen von Zahlen in Form von Symbolen oder Buchstaben wie im Lateinischen behinderten jedoch eine Systematisierung in der Arbeit mit Zahlen und erschwerten das Berechnen. Da bot das arabische Zahlensystem mit zehn Ziffern, das „Dezimalsystem" Abhilfe. Es erreichte im Mittelalter Europa. Nun konnte mit zehn Ziffern, Formeln und Tabellen auf Papier gerechnet werden.

**Gottfried Wilhelm Leibnitz (1646-1716)
erfand 1703 das binäre Zahlensystem.
Der „Computer von Antikythera" entstand im Jahr 82 v. Chr..**

## Mehr als 3000 Jahre Geschichte
## der Rechenmaschine

Rechenmaschinen oder Rechenhilfen hatten die Menschen schon früh erdacht. Der Abakus, eine mechanische Rechenhilfe, die noch heute im Orient bis nach
Asien zur Ausstattung jedes Büros und Ladens gehört,
wurde vermutlich 1100 v. Chr. im indo-chinesischen
Kulturraum erfunden. Die erste bekannte Rechenmaschine datiert auf das Jahr 82 v. Chr. Sie wurde in einem Schiffswrack vor der griechischen Insel Antikythera zwischen Kreta und Kythera gefunden. Der
„Computer von Antikythera" war eine mechanische
Rechenmaschine, mit der sich über ein Differenzialgetriebe astronomische Berechnungen anstellen ließen. Das Mittelalter, dem nicht zu Unrecht das Attribut „dunkel" anhaftet, begrub fast alle geistigen und
technischen Fortschritte, die das Altertum hervorge-
bracht hatte. Erst das 17. Jahrhundert, mit dem Voran-
schreiten der mechanischen Kunstfertigkeit im Uh-
renbau, schuf neue Rechenmaschinen. So baute Gottfried Wilhelm Leibnitz (1646-1716), einer der größten
universalen Geister seiner Zeit, 1673 seine erste Re-

chenmaschine. 1703 erfand er zudem das binäre Zahlensystem („Dualsystem"), das die Grundlage für digitale Rechner und die daraus resultierende digitale
Revolution wurde.

Den ersten digitalen Rechner der Neuzeit stellte IBM
(International Business-Machines Corporation) 1935
vor. Die IBM 601 arbeitete mit Lochkarten und führte
eine Multiplikation pro Sekunde durch. 1941 realisierte der deutsche Ingenieur Konrad Zuse den ersten ar-
beitsfähigen Rechenautomaten mit Programmsteue-
rung auf Basis elektromagnetischer Relais. Der Begriff
„Computer" als Bezeichnung für einen Rechner tauch-
te erstmals 1946 bei der Vorstellung des „Electronic
Numerical Integrator and Computer" (ENIAC) auf. Der
erste Computer auf elektronischer Basis nahm 170
Quadratmeter Fläche ein, arbeitete mit 17.468 Elektro-
nenröhren, 7200 Dioden, 1500 Relais, 70.000 Wider-
ständen und 10.000 Kondensatoren, benötigte 174 Kilowatt Strom und wog 30 Tonnen. In maximal 2,8 Mil-
lisekunden löste ENIAC eine Multiplikation. Somit hatte sich die Leistung gegenüber dem ersten Rechner
von IBM in rund zehn Jahren fast vertausendfacht.

IBM „ERFAND" IN DEN 1970ERN
DEN PERSONAL COMPUTER, DER DIE
ARBEITSWELT REVOLUTIONIERTE

Die Zahl der Transistoren
auf einem Computerchip
verdoppelt sich in einem
Zeitraum von 18 Monaten.

Der Durchbruch für elektronische Rechner erfolgte 1948 mit der Erfindung des Transistors durch drei amerikanische Wissenschaftler, William B. Shockley (1910-1989), John Barden (1908-1991) und Walter Brattain (1902-1987), an den Bell Laboratories. Diese Leistung war 1959 ein Nobelpreis für Physik wert. Das Prinzip des Transistors hatte allerdings der Deutsche Julius Edgar Lilienfeld (1881-1963) bereits 1921 zum Patent angemeldet. Der Transistor ist ein elektronisches Halbleiterbauelement, das das Schalten und Verstärken von elektrischen Strömen und Spannungen erlaubt. Die Bezeichnung ist übrigens eine Kurzform für die englische Bezeichnung „Transfer Varistor" oder „Transformation Resistor", die den Transistor als einen durch Strom steuerbaren Widerstand (engl. resistor) beschreiben sollte.

Seit nunmehr 50 Jahren spielen Halbleiter als Grundlage für elektronische Bausteine eine tragende Rolle. Halbleiter entstehen aus Grundstoffen wie Silizium, Selen oder Germanium. Grundsätzlich sind diese Stoffe Nichtleiter, denn sie haben ihre Valenzelektronen, die bei metallischen Leitern in den äußeren Schalen so be-

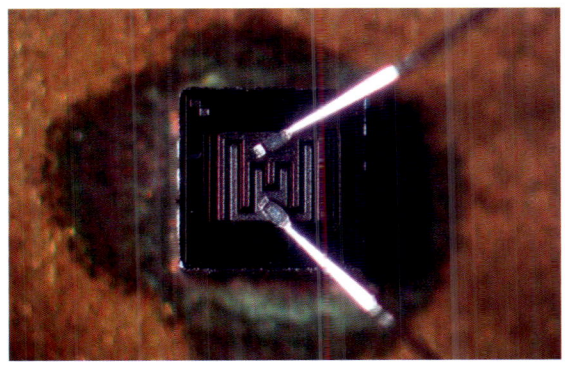

weglichen Teilchen, im Griff. Dies kann sich aber bei Halbleitern unter Manipulation durch bestimmte äußere Einflüsse ändern. Zum Beispiel durch die Zufuhr von Energie. Die bewirkt eine Erwärmung, unter deren Einwirkung sich Elektronen lösen und so einen Verband von freien Elektronen bilden können. Und damit ist eine Leitfähigkeit hergestellt. Die Möglichkeiten, die Zahl der Ladungsträger bei Halbleitern zu beeinflussen, um damit einen Stromfluss zu ermöglichen, sind vielfältig. Sie umfassen die Veränderung des Drucks, die Veränderung der Temperatur, die Veränderung der Belichtung oder das Zuführen von Fremdstoffen

MIKROPROZESSOREN AUS AKTUELLER FERTIGUNG VEREINEN BIS ZU 350 MILLIONEN FUNKTIONEN (TRANSISTOREN) AUF EINER PLATINE

**Werner von Siemens (1816-1892) entdeckte die unterschiedliche Leitfähigkeit von Silizium.**

Die Grundlagen der Halbleitertechnik ergeben sich aus den Möglichkeiten, durch kontrollierten Einbau von elektrisch wirksamen Fremdstoffen die Leitfähigkeit von Halbleitern gezielt einzustellen. Dies nennt man in der Fachterminologie „Dotieren".

## Der beste Halbleiter ist Silizium

Das mit Abstand wichtigste Material für Halbleiter ist Silizium. Es ist für die Elektronik das, was der Hefeteig fürs Backen ist: Eine geschmacksneutrale Grundmasse, die erst durch entsprechende Zutaten die variantenreichsten Geschmacksrichtungen zwischen süß und salzig entstehen lässt. Den Geschmacksrichtungen des Teigs entspricht die Leitfähigkeit des Siliziums, die von $10^4$ bis $10^{-2}$ Siemens/cm (S/cm) reicht. Der deutsche Erfinder und Unternehmer Werner von Siemens (1816-1892) hatte dieses Phänomen entdeckt. Je höher die Leitfähigkeit, desto leichter fließt der Strom.

Silizium besitzt im festen Zustand die klare Struktur eines Kristallgitters. Diese Eigenschaft macht es zum bevorzugten Material für Halbleiter. Jedes Atom verfügt gleichermaßen über vier gleich weit entfernte Nachbaratome wie über vier Außenelektronen. Jeweils zwei Elektronen sorgen für die nachbarschaftliche Bin-

dung, den ladungsfreien Zustand und damit für die Grundeigenschaft des Nichtleiters. Das ändert sich durch den Einbau von Atomen mit fünf Außenelektronen. Ein Element, das über diese Eigenschaften verfügt, ist beispielsweise Phosphor. Somit bewegen sich die fünften, die freien Elektronen durch die Struktur und sorgen für eine negative Ladung. Das Silizium ist nun „N-leitend" (negativ leitend), also „N-dotiert".

Ein Element wie Bor dagegen verfügt nur über drei Außenelektronen. Dessen Einbau bewirkt in der Kristallstruktur des Siliziums eine Art Loch, korrekt: ein Defektelektron. Dieses Loch verhält sich im elektrischen Feld wie ein positiver Ladungsträger. Das Silizium ist nun „P-leitend" (positiv leitend), also „P-dotiert". Der entscheidende Bereich, der die grundlegenden Eigenschaften aller Halbleiter bestimmt, liegt im Grenzbereich der beiden Zonen P und N im selben Halbleiterkristall. Die Zone heißt „PN-Übergang".

Die elektrischen Eigenschaften der beiden Zonen lassen am Übergang so etwas wie einen neutralen Bereich entstehen, einer, der elektrisch schlecht leitend ist, eine so genannte Sperrschicht. Legt man nun an einem PN-Übergang eine Spannung an, entstehen folgende Effekte: Liegt der Minuspol an der P-Zone und der Pluspol an der N-Zone, verbreitert sich die Raumladungszone. Damit ist der Stromfluss gesperrt, ein-

fach ausgeschaltet. Liegen die Pole dagegen umgekehrt, wird die Raumladungszone schmal und öffnet den Stromfluss. Damit ist er eingeschatet. Auf diesem Prinzip basieren alle elektronischen Rechner. Fließt kein Strom, bedeutet das, wie schon erwähnt, „o", fließt Strom, so bedeutet das „1". Dank Gottfried Wilhelm Leibnitz` Erfindung des binären Zahlensystems lassen sich mit einer Prise Silizium und einem Quäntchen Strom nun sämtliche Berechnungen erledigen.

## Exponentielle Steigerung der Rechenleistung

Die digitale Revolution, die die Welt in den letzten fünf Jahrzehnten technisch so gravierend verändert hat wie zuvor höchstens die Erfindung der Dampfmaschine, basiert auf der stetigen Verkleinerung der Transistoren und integrierten Schaltkreise. Den ersten integrierten Schaltkreis (IC = integrated circuit) also eine komplette elektrische Schaltung, baute Jack Kilby (1923-2005) 1958 aus zehn Bauteilen. Das brachte dem Amerikaner einen Nobelpreis in Physik und die Bezeichnung „Vater des Mikrochips" ein.

Die Verkleinerung von Transistoren auf wenige Mikrometer (der $10^{-6}$. Teil eines Meters) erlaubte es, immer mehr Transistorfunktionen und integrierte Schaltkreise auf immer kleinerem Raum unterzubringen. Das bahnte den Weg zum Chip als Träger einer CPU (Central Processing Unit). Die CPU, das „Gehirn des Computers", feierte 1971 ihre Weltpremiere. Die 1968 gegründete Firma Intel, die heute rund 80 Prozent aller Prozessoren für Personal Computer (PC) produziert stellte den „i4004" vor. Er vereirte 2300 Transistorfunktionen bzw. Schaltkreise in sich und wurde der erste kommerzielle Mikroprozessor der Welt.

Seit der Erfindung des i4004 steigt die Zahl der Transistoren eines einzelnen Prozessors von Entwicklungsschritt zu Entwicklungsschritt exponentiell an. Gordon Moore, Mitbegründer von Intel, hat aus diesem Umstand ein Gesetz entwickelt: „Alle 18 Monate verdoppelt sich die Zahl der Funktionen (Transistoren) pro Chip. Gleichzeitig verkleinern sich die Maße der Struktur so, dass der Chip durch die Zunahme der Funktionen nicht größer wird. In gleichem Maß wie die Leistung bei gleich bleibender Baugröße steigt, sinkt der Preis pro Funktion ebenfalls exponentiell."

Aktuelle Prozessoren bieten bis zu 350 Millionen Funktionen. Lag der Preis des ersten Chips noch bei umgerechnet 30 bis 40 US-Cent pro Transistor, so fiel er bereits beim Pentium-III-Prozessor auf 0,001 US-Cent und dürfte bei aktuellen Prozessoren noch bei 0,00001 US-Cent pro Transistor liegen.

## Computerrevolution = Revolution in der Automobiltechnik

Alle elektronischen Systeme im Automobil erfordern für die Regelung der Steuerung komplette Mikrocomputer. Der Prozessor enthält ein Rechen- und ein Steuerwerk. Das Rechenwerk führt arithmetische und logische Operationen aus, das Steuerwerk sorgt für deren Ausführung gemäß den Befehlen aus dem Programmspeicher. Für sich alleine ist der Mikroprozessor nicht arbeitsfähig. Er benötigt Ein- und Ausgabeeinheiten, die den Datenverkehr mit der Peripherie abwickeln. Dazu gehören Programm- und Datenspeicher sowie gegebenenfalls Verbindungen zu anderen Prozessoren.

Um den vielfältigen Anforderungen gerecht zu werden, bevorzugen Entwickler von Mikroprozessoren möglichst weit reichende Standardisierungen. Die Anpassung des Mikroprozessors an seine Anwendung und Aufgabenstellung in der Praxis erfolgt durch seine Programmierung. Programm- und Datenspeicher verfügen zwar grundsätzlich über den gleichen technischen Aufbau, sind in der Funktionsweise jedoch grundlegend verschieden.

Der Programmspeicher ist fest mit den binären Codes des Programms belegt und erlaubt nur das Lesen des Arbeits- und Anwendungsprogramms. Die technische Bezeichnung dieses Speichers ist ROM (Read Only Memory = nur lesbarer Speicher). Wegen der rapiden Entwicklung bei der Verfeinerung von Programmen, die sich noch schneller vollziehen als der Lebenszyklus eines elektronischen Bauteils, kommen verstärkt so genannte EPROMs (Erasable and Programmable Read Only Memory = lösch- und überschreibbarer nur lesbarer Speicher) zum Einsatz. Damit lassen sich die Funktionen eines Geräts oder ei-

nes Systems durch Programmupdates den aktuellsten Entwicklungen anpassen.

Datenspeicher sind Kurzzeitspeicher. Sie lassen sich beliebig mit Daten und Programmen belegen und erlauben den Zugriff auf jeden Speicherplatz. Die technische Bezeichnung ist RAM (Random Access Memory = Lese-Schreib-Speicher).

Ohne Elektronik wäre ein modernes Automobil nicht funktionsfähig, der Hybridantrieb allenfalls eine Idee auf einem Blatt Papier. In den letzten vier Jahrzehnten nahm die Entwicklung einen stürmischen Verlauf. 1965 erschien die Transistorzündung. Seit 1973 ist die digitale Benzineinspritzung möglich. 1978 war das Geburtsjahr des Antiblockiersystems (ABS). 1983 feierte das elektronische Zündsystem mit Kennfeldern seine Premiere. Damit waren die Voraussetzungen für eine per Lambdasonde geregelte Abgasreinigung geschaffen. Zwei Jahre später folgte der erste Bordcomputer, der den Fahrer über Wege, Verbräuche und Betriebszeiten informieren konnte. 1986 schuf die elektronisch geregelte Verteilereinspritzpumpe die Voraussetzung dafür, dass die Dieseldirekteinspritzung beim Pkw ab 1989 zum Einsatz kommen konnte. Die Dieseldirekteinspritzung hatte sich schon vor dem zweiten Weltkrieg wegen ihrer günstigen Verbrauchswerte in Nutzfahrzeugen bewährt. Der Nutzung im Pkw stand die explosionsartige, „harte" Verbrennung im Wege. Durch die elektronische Regelung der Einspritzung gelang es, mittels präziser Vor- und Nacheinspritzung die Verbrennung „weicher" und somit ausreichend komfortabel ablaufen zu lassen. 1987 folgte dann die Antriebsschlupfregelung und 1997 schließlich das Elektronische Stabilisierungsprogramm.

Die Bedeutung der Elektronik für den Automobilbau lässt sich auch in der Entwicklung ihres Wertanteils an einem Fahrzeug ablesen. Betrug dieser 1980 durchschnittlich 0,5 Prozent, stieg er bis 1990 auf 7 Prozent, wurde 2000 mit durchschnittlich 17 Prozent beziffert und wird um 2010 bereits 24 Prozent betragen.

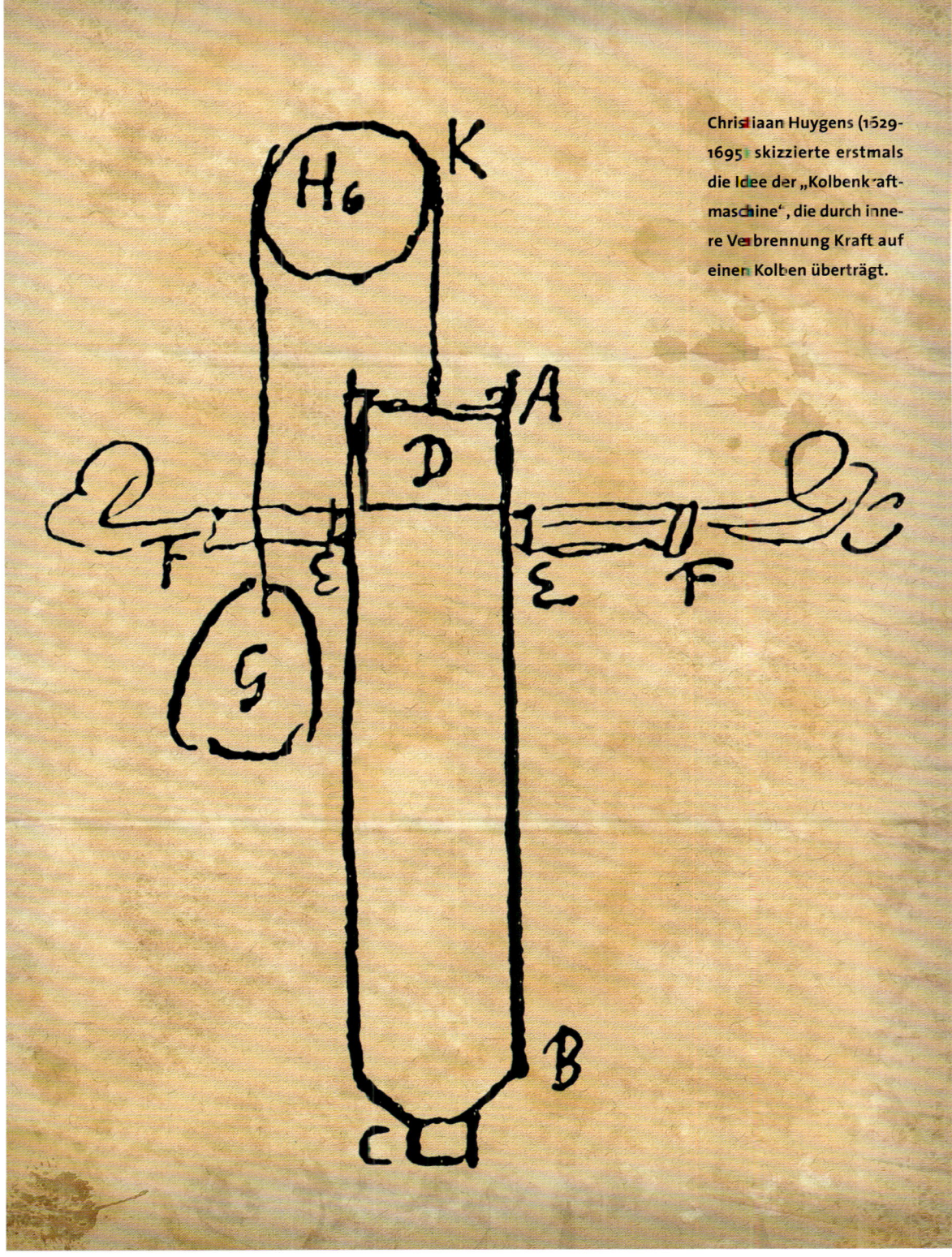

Christiaan Huygens (1529-1695) skizzierte erstmals die Idee der „Kolbenkraftmaschine", die durch innere Verbrennung Kraft auf einen Kolben überträgt.

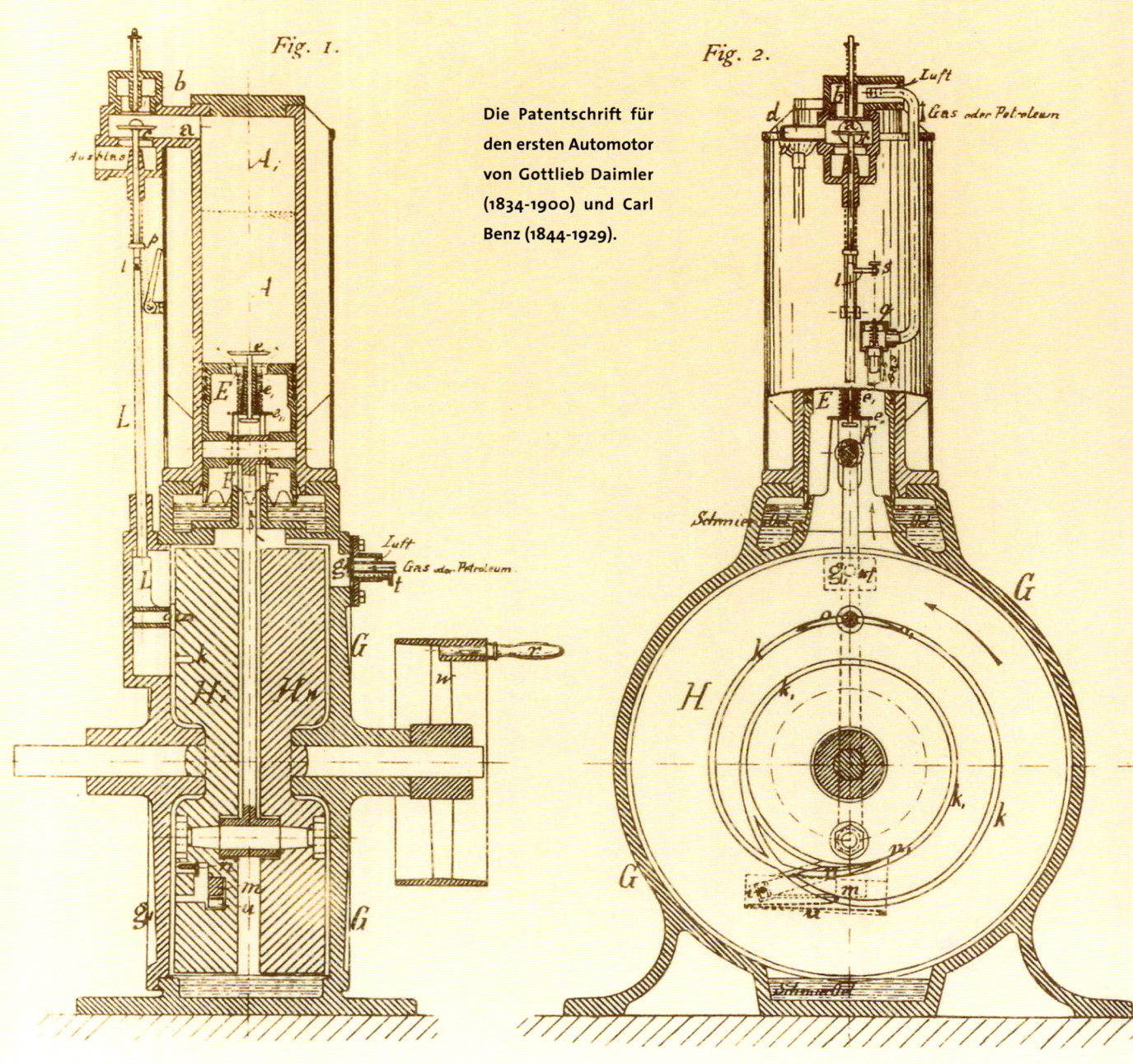

# DAIMLER IN CANNSTATT.
## Gas- bezw. Petroleum-Kraftmaschine.

*Fig. 1.*

*Fig. 2.*

**Die Patentschrift für den ersten Automotor von Gottlieb Daimler (1834-1900) und Carl Benz (1844-1929).**

PHOTOGR. DRUCK DER REICHSDRUCKEREI.

## Die Sinnesorgane der elektronischen Steuerung

So vielfältig und komplex die elektronischen Steuerungen und Systeme und ihre Wirkungsweise erscheinen mögen, so lässt sich ihre Funktion stets auf das Zusammenwirken weniger Grundprinzipien und -zusammenhänge reduzieren. Somit erleichtert die Betrachtung einiger wesentlicher Komponenten das Verständnis für eine der aufwändigsten Steuerungen, wie sie sich beim Hybridantrieb findet.

Dazu gehören Sensoren. Sensoren registrieren in technischen Abläufen die Veränderungen innerhalb physikalischer oder chemischer Prozesse. Es funktioniert wie bei einem höheren Lebewesen. Die fünf Sinne (Sehen, Hören, Riechen, Schmecken, Fühlen) dienen dem Mensch dazu, Abläufe, das heißt genau genommen Veränderungen innerhalb dieser Abläufe zu registrieren und falls erforderlich eine Reaktion in Form einer Handlung einzuleiten. Die Eindrücke oder Wahrnehmungen von Veränderungen durch die Sinne (Sensoren) gelangen über die Nerven (Leitungen) zum Gehirn (Prozessor). Das Gehirn legt nach Abgleich des jeweiligen Eindrucks mit seinem Wissen und den gesammelten Erfahrungen (Software und Programme) die Reaktion fest und sendet über die Nerven (Leitungen) Signale an die Sehnen, Muskeln und Gelenke (Aktoren), um eine angemessene Reaktion auszuführen. Mögen diese Abläufe durch neueste elektronische Systeme auch noch so komplex erscheinen, gegen die Vorlage der Natur nehmen sie den Rang eines gefalteten Papierfliegers gegenüber einem Space Shuttle ein.

Sensoren lassen sich auch als „Messfühler" bezeichnen. Sie setzen eine physikalische oder chemische Größe in elektrische Signale um, mit denen der Prozessor einer Steuerung arbeiten kann. Sensoren überwachen Drehzahlen, Drehwinkel, Geschwindigkeiten, Umdrehungszahlen, aber auch Gase oder Schwingungen.

Aktor oder „Stellglied" ist ein Fachbegriff aus der Regeltechnik. Der Aktor bildet das Bindeglied zwischen dem Steuergerät und den eigentlichen mechanischen Abläufen. Aktoren beeinflussen diese Abläufe aktiv setzen sie in Gang oder beenden sie. Der Mikrocomputer im elektronischen Steuergerät oder dem Regler vergleicht die Istwerte, die der Sensor liefert, mit den Sollwerten, die in seinem Programm festgelegt sind. Verändert sich der Wert, wird der Aktor angesteuert. Steuergerät und Aktor bilden als zusammengefasste Baugruppe eine „Steuereinrichtung". Aktoren gliedern sich in eine so genannte „Funktionskette" aus „Steller" und „Wandler". Steller sind Glieder mit einem Eingang für elektronische Steuersignale und einem zusätzlichen Eingang für Hilfsenergie sowie einem Energieausgang Der Wandler wandelt die vom Steller empfangene Energie in Arbeit um.

## Von der Kurbel zur Batterie

Um einen Motor zum Leben zu erwecken ist bereits der Einsatz von Energie erforderlich. In den frühen Tagen des Automobils stammte diese Energie aus den Oberarmen des Fahrers, denn diese Autos ließen sich nur per Kurbel starten. Zur Steigerung des Komforts war somit ein Energiespeicher für einen automatischen Anlasser dringend erforderlich. Doch der ließ etliche Jahre auf sich warten. Bis 1912 stand grundsätzlich vor jeder Ausfahrt der Griff zur Kurbel. Dann bereicherte Cadillac die Geschichte der Autotechnik mit der Erfindung des elektrischen Anlassers. In Europa dauerte es bis 1919, als Citroën dieses wesentliche Komfortmerkmal etablierte.

Der elektrische Starter setzt einen Energiespeicher voraus, der seine Leistung im wahrsten Sinne des Wortes „per Knopfdruck" bereit stellt. Für diese Anforderung empfahl sich die Batterie. Der findige Kopf, der hinter diesem Energiespeicher steht, heißt Alessandro Giuseppe Antonio Anastasio Graf von Volta (1745-1827). Er erfand 1800 die Batterie. Der italienische Adlige baute dabei auf die Entdeckung seines Landsmanns Luigi Galvani (1737-1798), der 1780 die so genannte „galvani-

**Luigi Galvani (1737-1798),
links, und Alessandro Graf
Volta (1745-1827), rechts,
schufen die Grundlagen
für die erste Batterie.**

sche Zelle" oder das „galvanische Element" erfunden hatte. Diese Zelle ist ein Element, das die spontane Umwandlung von chemischer in elektrische Energie ermöglicht. „Galvanisches Element" bezeichnet jede Kombination von zwei verschiedenen Elektroden und einem Elektrolyten. Volta und Galvani gelten als Begründer der Elektrizität. Die technische Welt ehrt den Grafen Volta durch die offizielle Bezeichnung „Volt" als Maßeinheit für die Stromspannung.

Die grundsätzliche Funktionsweise einer Batterie lässt sich mit einem einfachen Beispiel illustrieren. Sie entspricht zwei Wasserbehältern, die auf verschiedenen Ebenen stehen. Wird in den oberen Behälter Wasser gefüllt und eine Verbindung der beiden Behälter durch eine Leitung hergestellt, kann das Wasser vom oberen in den unteren Behälter fließen. Durch seine Bewegung ist das Wasser in der Lage, ein Rad anzutreiben und somit die Energie für eine mechanische Bewegung zu liefern. Durch neues Befüllen des oberen Behälters oder durch Umfüllen vom unteren auf den oberen Behälter ist das System wieder „aufgeladen", um neue Energie zu liefern.

Batterien und Akkumulatoren unterscheiden sich dadurch, dass der Akkumulator wieder aufgeladen werden kann. Die elektrochemischen Prozesse, die in Batterie und Akku ablaufen, sind identisch. Die elektrische Energie in der Batterie entsteht durch eine „Stoff-

umwandlung", eine chemische Reaktion. Dabei überträgt ein Reaktionspartner Elektronen auf einen anderen. Dieser Prozess trägt die Bezeichnung „Redoxreaktion". „Redox" setzt sich aus den Begriffen „Reduktion" und „Oxidation" zusammen.

Die Abgabe von Elektronen in dieser Reaktion ist eine „Oxidation", die Aufnahme ist die „Reduktion". Dass der Prozess der Reduktion unter anderem Wärme erzeugt, ist durch Berühren der Hülle oder des Gehäuses einer Batterie im wahrsten Sinn des Wortes „nachfühlbar". Im galvanischen Element, das den Elektronenfluss zur Gewinnung von elektrischer Energie nutzt, laufen Oxidation und Reduktion grundsätzlich räumlich getrennt voneinander. Um schließlich Strom zwischen Reduktions- und Oxidationsmittel fließen zu lassen, sobald Spannung anliegt, ist ein Stoff erforderlich, der den Transport der elektrischen Ladung durch seine beweglichen Ionen ermöglicht. Diese Stoffe heißen „Elektrolyte".

Als „aktive Materialien" für Oxidation und Reduktion boten sich schon in den frühen Tagen der industriell gefertigten Batterien Bleioxid ($PbO_2$) für den Pluspol und das schwammige, hochporöse Blei (Pb) für den Minuspol an. Als Elektrolyt kam verdünnte Schwefelsäure ($H_2SO_4$) zum Einsatz. Vorteil Blei: billig; Nachteil Blei: Gewicht. Da die Bleibatterie sich beim Fahrzeugantrieb

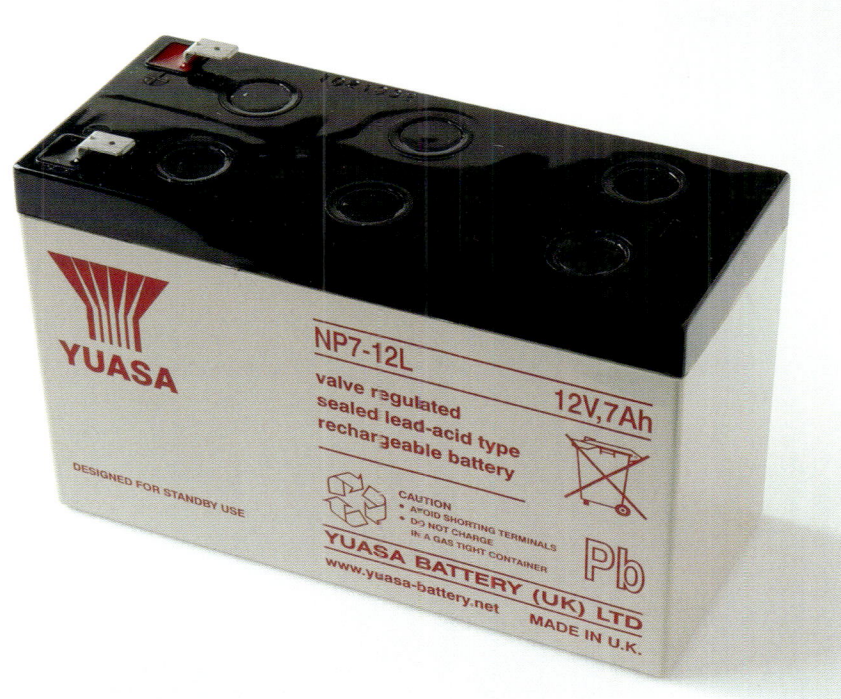

aus diesen Gründen nicht gegen den Verbrennungsmotor durchsetzen konnte und als Starthilfe eine über-
schaubare Einheit genügte, verlief die Karriere des Blei-
akkus im Auto über Jahrzehnte hinweg unauffällig.

Doch mit der Einführung der 12-Volt-Spannung für die
Bordnetze und durch eine steigende Zahl von Verbrau-
chern und elektronischen Systemen im Auto wurden
leistungsfähigere Akkumulatoren erforderlich. Diese
Anforderungen erfüllen Materialien mit aktiven Eigenschaften wie Nickel (Ni) und Metallhydrid (MH). Während eine Bleibatterie eine Energiedichte von 25 bis 30
Wh (Watt pro Stunde) liefert, leistet die Nickel-Metallhydridbatterie 35 bis 100 Wh. Zudem ermöglicht die
NiMH-Batterie wesentlich mehr Ladungszyklen. Damit kann sie auch die höheren Kosten kompensieren,
die die Materialien und der Produktionsprozess solcher
Batterien erfordern. Ein weiterer Vorteil der NiMH-Batterie liegt im wesentlich weiter gefassten Temperatur-
bereich, in dem uneingeschränkter Betrieb möglich ist.
Liegt der bei der Bleibatterie zwischen 10 und 55 Grad

Celsius, arbeitet der NiMH-Akku uneingeschränkt zwischen -20 und 55 Grad Celsius.

Für einen nachhaltigen Impuls bei der Entwicklung
von Akkus sorgte das Mobiltelefon. 1983 stellte Moto-
rola das erste kommerzielle Mobiltelefon vor, das „Dy-
naTAC 8000c". Es wog 800 Gramm, kostete 3995 US-
Dollar und ermöglichte eine Gesprächsdauer von einer Stunde. Innerhalb eines Jahres griffen bereits
300.000 Kunden zu. Derzeit kaufen alleine die Europäer jährlich rund 100 Millionen Mobiltelefone, deren
Akkuleistung einen „Stand-by"-Modus, das heißt eine
Betriebsbereitschaft über zwei und mehr Wochen erlaubt. Die intensive Weiterentwicklung von NiMH- und
inzwischen Lithium-Ionen-Akkus durch Handyprodu-
zenten ermöglicht heute Mobiltelefone, die weniger
als 100 Gramm wiegen.

Die Leistungsfähigkeit der Nickel-Metallhydridbatterie erfüllte endlich die Voraussetzung eines leistungs-
starken Energiespeichers, den der Hybridantrieb er-

fordert. Die Batterieeinheit des ersten serienmäßigen Hybridautos Prius 1 von Toyota mit einem Volumen von 50 Litern und einem Gewicht von 45 Kilo ließ sich problemlos im Fahrzeug unterbringen und steigerte dessen Gewicht in vertretbarem Umfang. Der Energiespeicher arbeitete mit einer Spannung von 288 Volt und bot eine maximale Leistung von 20 Kilowatt. Das Potenzial zur Leistungssteigerung, das in Nickel-Metallhydridbatterien steckt, zeigt der Entwicklungssprung der Batterieeinheit vom Prius 1 zum Prius 2 ab 2003. Kamen beim Prius 1 noch 38 Module mit je sechs Zellen, also insgesamt 228 Zellen zum Einsatz, sind es beim Prius 2 nur noch 28 Module mit insgesamt 168 Zellen. Damit ist die Einheit des Prius 2 um 15 Prozent kompakter und 25 Prozent leichter, weist aber eine um 35 Prozent höhere Leistungsdichte auf.

Doch es ist absehbar, dass das Potenzial der Nickel-Metallhydridbatterie bald ausgeschöpft sein wird. Der nächste Schritt wird die Lithium-Ionenbatterie sein. Diese zeichnet sich durch eine deutlich höhere Leistungsfähigkeit aus. Sie liefert eine Zellenspannung von 3 bis 4 Volt (Blei: 2 Volt, NiMH: 1,2 Volt), weist eine Energiedichte von bis zu 1500 Watt pro Stunde auf und erlaubt mehr Ladungszyklen. Lithium-Ionenbatterien kommen bereits als Akkus für Mobiltelefone und elektronische Geräte wie Laptops und Digitalkameras auf breiter Front zum Einsatz.

Der Begriff Lithium kommt vom griechischen „lithos", was „Stein" bedeutet. Im Gegensatz zu Kalium und Natrium, das auch in organischem Material zu finden ist, wurde Lithium in Gestein entdeckt. Es ist ein chemisches Element (Li), ein so genanntes Alkalimetall. Es ist das leichteste Metall überhaupt. Der schwedische Chemiker Johann August Arfwedson (1792-1841) hatte Lithium 1817 entdeckt. Es zeichnet sich durch eine hohe Reaktionsfreudigkeit aus und kommt deswegen elementar nicht vor. Lithium ist nicht giftig, was wir mit jedem Schluck Mineralwasser unbewusst beweisen, denn als Lithiumhydroxyd bildet es ein gängiges Spurenelement.

Bei der Lithium-Ionenbatterie sind Lithium-Ionen auf der negativen Elektrode in einem Gitter aus Graphit elektrisch reversibel eingelagert. Die positive Elektrode enthält als wesentlichen Bestandteil beispielsweise Kobalt (Co), ein wie Mangan (Mn) stark reaktives Metall. Für die Lithium-Ionenbatterie ist als Elektrolyt ein organisches Material erforderlich, weil Lithium auf Wasser stark reagiert und damit wässrige Elektrolyte nicht in Frage kommen.

Lithium-Ionenbatterien stehen für den Einsatz in Hybridfahrzeugen in naher Zukunft bereit. Sie sind in der Produktion allerdings deutlich teurer als NiMH-Batterien. Außerdem können Fehlfunktionen zu Reaktionen mit deutlicher Hitzeentwicklung führen, die in extremen Fällen hoch genug sein kann, um ein Feuer zu entzünden. Dieses Problem ist in der Vergangenheit bei Laptops bereits aufgetreten und hat zu beträchtlichen Schäden und zu teuren Rückrufaktionen durch die betroffenen Hersteller geführt. Ein Sicherheitsrisiko, das vor einem Einsatz im Hybridantrieb Systeme zur Druck- und Temperaturüberwachung technisch restlos beseitigen.

## Mein lieber Otto

Eine Geschichte, die sich mit dem Hybridantrieb beschäftigt und dabei die physikalischen und chemischen Zusammenhänge anschneidet, nimmt fast zwangsläufig die Rolle einer Hommage an die größten Köpfe der Naturwissenschaft und Technik ein. Die Arbeiten und Innovationen dieser im Laufe des Textes genannten Erfinder und Wissenschaftler, aber auch die der vielen nicht erwähnten, schufen erst die Voraussetzungen, damit der Hybridantrieb seinen Siegeszug antreten konnte.

Einen besonderen Tusch verdient sich Nikolaus August Otto für eine der bahnbrechendsten Erfindungen aller Zeiten: den Ottomotor. Der 1832 in Holzhausen an der Haide im Taunus Geborene war der Sohn

Nikolaus Otto (1832-1891) entwickelte den Viertakt-gasmotor. Christiaan Huygens (1629-1695) erfand die „Kolbenkraftmaschine".

eines Bauern und lernte den Beruf des Kaufmanns. Zur Technik kam er auf dem Weg des Autodidakten. Bereits 1862 begann er seine ersten Versuche mit Viertaktmotoren, im darauf folgenden Jahr baute er seine erste Gaskraftmaschine. 1876 entwickelte Otto den Viertaktgasmotor, der 1877 zum Patent angemeldet wurde. Bis heute hat sich an dem Prinzip des Verbrennungsmotors mit Hubkolbenantrieb und Fremdzündung nichts geändert. Otto, der 1891 hoch geehrt starb, verfolgte noch zu Lebzeiten den Einsatz seiner Erfindung zum Antrieb eines Personenwagens durch Gottlieb Daimler (1834-1900) und Carl Benz (1844-1929) im Jahre 1886 und den Nachweis der Zuverlässigkeit dieser Erfindung durch die erste Fernfahrt 1888 über 80 Kilometer von Pforzheim nach Mannheim und zurück durch Berta Benz, der Ehefrau des Automobilpioniers.

Doch auch Nikolaus August Otto baute bei seiner Erfindung auf die Arbeiten und Erkenntnisse tüchtiger Vorgänger. Der Holländer Christiaan Huygens (1629-1695) war ein Universalgenie von den Dimensionen seiner Zeitgenossen Gottfried Wilhelm Leibnitz, René Descartes (1556-1650) und Isaac Newton (1643-1727). Er wirkte als Mathematiker, Physiker, Musiktheoretiker und war ein fähiger Astronom, dessen Leistung die NASA mit einer gleichnamigen Sonde ehrte, die am 14. Januar 2005 auf dem Saturnmond Titan landete.

Der Holländer erfand im Rahmen seiner Beschäftigung mit der Mechanik unter anderem die Kolbenkraftmaschine. Huygens verwendete als Antrieb Schießpulver, was dem Begriff „Explosionsmotor" zwar einen gewissen Nachdruck verlieh, sich in der Praxis aber als wenig Ziel führend erwies. Wichtig war jedoch das Prinzip des Kolbens, der sich durch den Druck der inneren Verbrennung bewegte und so in der Antriebstechnik seinen Siegeszug über die Dampfmaschine antrat

## Energiewandlung durch Verbrennung

Die heute unverändert aktuellen Hubkolbenmotoren sind genau genommen „Verbrennungskraftmaschinen". Sie erzeugen ihre Leistung, indem sie durch Verbrennung die im Kraftstoff gebundene chemische Energie in Wärmeenergie umsetzen. Die im nächsten Schritt stattfindende Umsetzung der Wärmeenergie in mechanische Energie erfolgt durch die Übertragung der Wärmeenergie auf ein Arbeitsmedium. Als Arbeitsmedium dient im Verbrennungsmotor Gas. Gas lässt sich komprimieren, wodurch wiederum der Arbeitsdruck steigt. Die bislang für die Verbrennung in Verbrennungsmotoren eingesetzten Kraftstoffe sind Benzin und Diesel. Diese Kraftstoffe bestehen – wie auch

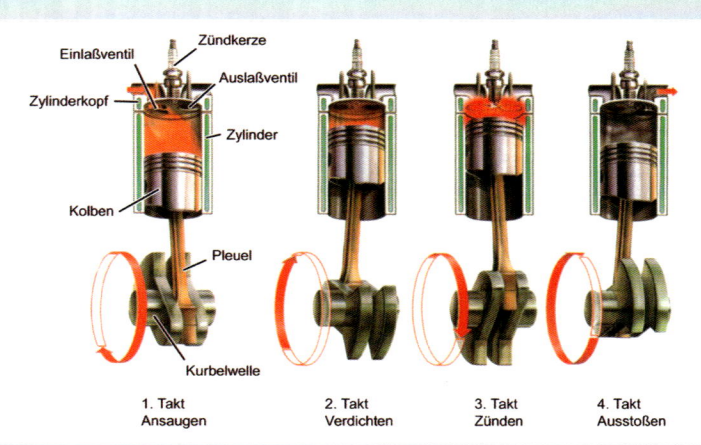

Der „Kreislaufprozess"
des Viertaktmotors teilt
sich in vier Schritte auf.

Rudolf Diesel (1858-1913)
entdeckte das Prinzip der
Selbstzündung.

Gas – zum größten Teil aus Kohlenwasserstoffverbindungen.

Zur Verbrennung dieser Kraftstoffe ist Luft erforderlich. Findet die Verbrennung wie beim Hubkolbenmotor im Arbeitsraum selbst statt, ist von einer „inneren Verbrennung" die Rede. Das Brenngas dient direkt als Arbeitsmedium. Da der Motor seine mechanische Arbeit dauerhaft verrichten muss, hat er einen zyklischen Ablauf von Kreislaufprozessen zu leisten: Wärmeaufnahme, Expansion (Arbeitsabgabe) und Rückführung des Arbeitsmediums auf seinen Ausgangszustand. Die gängige Durchführung eines solchen Kreislaufprozesses läuft in vier Arbeitstakten ab, was dem Hubkolbenmotor auch die Bezeichnung „Viertaktmotor" eingetragen hat.

Im ersten Takt erfolgt das Ansaugen des Gemischs aus Benzin und Luft durch das geöffnete Einlassventil. Motoren mit Direkteinspritzung saugen lediglich Luft an, den Kraftstoff liefert die Einspritzanlage direkt in den Zylinder. Das unterscheidet die innere (Direkteinspritzung) von der äußeren Gemischbildung. Im zweiten Arbeitstakt sind die Ventile geschlossen. Der Kolben bewegt sich nach oben und verdichtet das Gemisch aus Luft und Kraftstoff. Die Zündung des Gemischs am oberen Totpunkt des Kolbens führt zum Entflammen und damit zur steten Wärmeentwicklung und zur Ausdehnung des Verbrennungsgases, die den Kolben nach unten drückt. Im letzten Arbeitstakt drückt der Kolben durch seine Aufwärtsbewegung das Abgas durch das geöffnete Auslassventil in die Abgasanlage.

Das Prinzip des Viertakters erfordert pro Arbeitsprozess zwei Umdrehungen der Kurbelwelle. Zweitakt- und Kreiskolbenmotoren bieten in technischer Hinsicht ihre Reize in Form von geringerem Bauaufwand und weniger Gewicht, doch angesichts von schlechtem thermischen Wirkungsgrad, hohem Verbrauch und problematischem Abgasverhalten gelang diesen Konzepten im Bereich der Kraftfahrzeug-Antriebstechnik nie ein überzeugender Durchbruch.

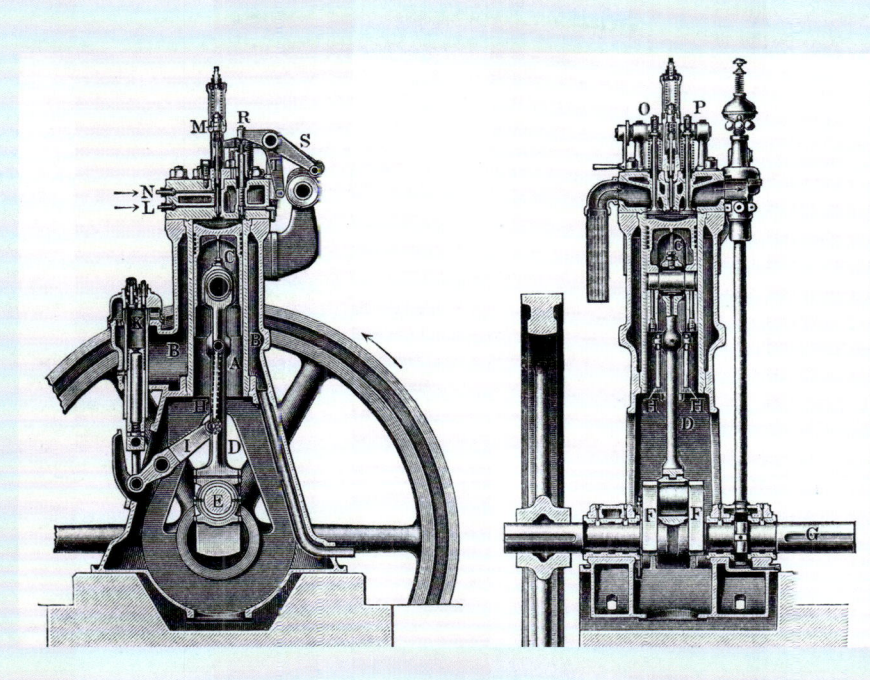

## DER DIESELMOTOR BEGANN SEINE KARRIERE
## ALS STATIONÄRER ANTRIEB FÜR DIE INDUSTRIE IN
## KONKURRENZ ZUR DAMPFMASCHINE

Der Ottomotor und sein wichtigster Konkurrent nach dem von Rudolf Diesel (1858-1913) ersonnener Verbrennungsprinzip arbeiten nach der identischen Funktionsweise des Viertakts und den Prinzipien der inneren beziehungsweise äußeren Gemischbildung. Ihr wesentliches technisches Unterscheidungsmerkmal besteht darin, wie das Gasgemisch über dem Kolben gezündet wird. Der Ottomotor benötigt eine Fremdzündung, während beim Diesel das Gemisch im zweiten Arbeitstakt so hoch verdichtet wird, dass es zur Selbstzündung kommt. Ein weiterer wichtiger Unterschied liegt in der Regelung des Gemischs. Der Dieselmotor benötigt für die Gemischbildung stets die gleiche Luftmenge. Dadurch ist keine Drosselklappe erforderlich. Deshalb heißt diese Art der Gemischbildung auch „Qualitätsregelung". Der Benzinmotor arbeitet mit unterschiedlichen Luftmengen, für deren Bemessung eine Drosselklappe erforderlich ist. Dieses Prinzip nennt man „Quantitätsregelung".

Das ungeheure Potenzial des Ottomotors, das 121 Jahre Entwicklung frei legten, verdeutlicht die Evolution seiner Leistungsfähigkeit. Während 1886 der erste Einzylinder 0,88 PS bei 700/min aus 984 Kubikzentimetern schöpfte und dabei 265 Kilo auf die Waage brachte, liefert ein moderner Formel-1-Motor mit 2,4 Litern Hubraum mehr als 800 PS bei rund 20.000/min – bei weniger als 100 Kilo Eigengewicht.

Die prinzipielle Schwäche des Hubkolbenmotors liegt darin, dass die vertikale Bewegung, die durch Druck auf den Kolben erzeugt wird, über die Pleuel auf eine Welle übertragen werden muss, um die für jede Form des mechanischen Antriebs erforderliche Drehbewegung zu erhalten. Allein durch die Umlenkung mittels Wellen und Lagern entstehen beträchtliche Effizienzverluste nur durch mechanische Reibung. Zudem schränken die hohen Temperaturunterschiede, die innerhalb eines Arbeitsspiels (Ablauf der vier Takte bei Otto- und Dieselmotor) entstehen, den Wirkungsgrad des Hubkolbenmotors nachhaltig ein. Der stets gleich ablaufende Verbrennungsprozess im Brennraum ist dabei ein so genannter „Kreisprozess". Der französische Physiker Nicolas Léonard Sadi Carnot (1796-1832)

**2007: 800 PS aus 2,4 Litern Hubraum in der Formel 1; 1886: 0,88 PS aus einem Liter Hubraum im ersten Automobil.**

beschrieb 1824 „das Phänomen der Erzeugung von Bewegung durch Bewegung von Wärme". Er legte in der Schrift den nach ihm benannten Kreisprozess fest. Dieser rein theoretische Prozess definiert das Optimum des Wirkungsgrades eines Kreisprozesses, bei dem sich das Arbeitsfluid (Gas) zwischen den selben Temperaturen bewegt. Dieses Optimum kann von keiner speziellen technischen Umsetzung eines Kreisprozesses

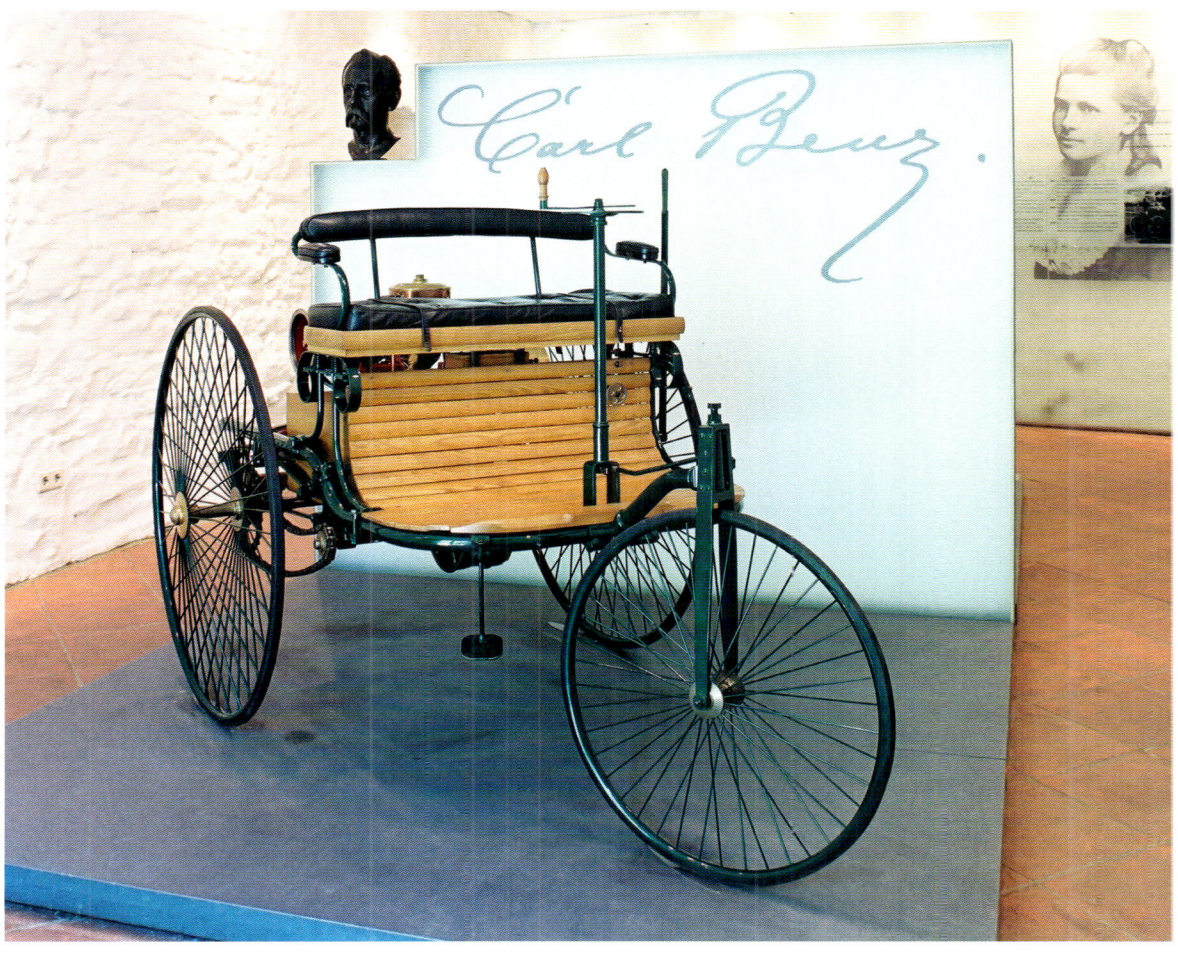

übertroffen werden. Aus der Arbeitstemperatur eines Verbrennungsprozesses, wie er in einem Otto- oder Dieselmotor abläuft, ermittelt sich der sogenannte „Carnot-Wirkungsgrad" oder „Carnot-Faktor". Er gibt an, welcher Anteil der zugeführten Wärme maximal in mechanische Arbeit umgewandelt werden kann. Die besten Benzinmotoren schaffen da mit Mühe die Hürde von 30 Prozent. Bei modernen Dieseltriebwerken sind bis zu 45 Prozent möglich.

Ein weiteres Problem, das der Betrieb von Verbrennungsmotoren mit sich bringt, sind die nicht mehr nutzbaren gasförmigen Abfallprodukte, das Abgas. Würde der Kraftstoff vollständig verbrennen, blieben als Endprodukte lediglich Kohlendioxid, Stickstoff und

Wasser übrig. Ungeachtet seiner Folgen als Treibhausgas ist $CO_2$ vollkommen ungiftig. Jedes atmende Lebewesen produziert ständig $CO_2$. Da der Verbrennungsprozess innerhalb des Zylinders jedoch aus physikalischen Gründen nicht vollständig ablaufen kann, entstehen durch die unvollständige Verbrennung giftige und damit gesundheits- und umweltschädliche Bestandteile. Dazu zählen Kohlenmonoxid (CO) und unverbrannte Kohlenwasserstoffe wie Paraffine, Olefine und Aromaten, sowie teilverbrannte Kohlenwasserstoffe wie Aldehyde, Ketone und Karbonsäuren. Nebenprodukte der Verbrennung durch den Stickstoffanteil in der Luft entstehen in Form von Stick- ($NO_x$) und Schwefeloxiden aus Verunreinigungen im Kraftstoff. Unter Einwirkung von Sonnenlicht entstehen

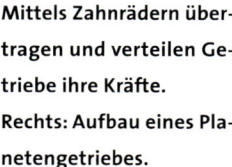

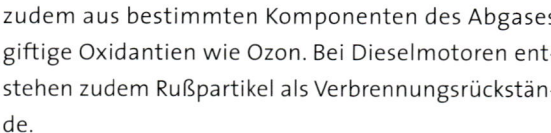

**Mittels Zahnrädern über-
tragen und verteilen Ge-
triebe ihre Kräfte.
Rechts: Aufbau eines Pla-
netengetriebes.**

zudem aus bestimmten Komponenten des Abgases giftige Oxidantien wie Ozon. Bei Dieselmotoren entstehen zudem Rußpartikel als Verbrennungsrückstände.

Je intensiver das Abgas von seinen giftigen Schadstoffen gereinigt wird, desto höher fällt der technische Aufwand hierfür aus. Die oberen Grenzwerte für Schadstoffe legen internationale Abgasnormen wie zum Beispiel Euro 4 fest.

## Der Griff nach den Planeten

Verbrennungsmotoren an sich wären wirkungslose Gebilde ohne eine entsprechende Kraftübertragung. Sie ist erforderlich, um das gelieferte Drehmoment zu übertragen. Die Aufgabe dieser Kraftübertragung übernehmen Getriebe. Dies sind gelenkige Verbindun-

gen von mechanischen Teilen, die zum Übertragen und Umwandeln von Kräften dienen. Bei Fahrzeugen sind Getriebe mechanische Einheiten, die Drehbewegungen, Drehrichtungen und Drehmomente übertragen oder umwandeln. Die wichtigste mechanische Komponente eines Getriebes ist das Zahnrad.

Die Fortbewegung eines Fahrzeugs entsteht durch die Drehbewegung seiner Räder. Sie übertragen Beschleunigungs-, Brems- und Lenkkräfte auf den Untergrund. Die physikalische Größe, die bei der Übertragung einer Drehbewegung wirkt, ist das Drehmoment, ein so genanntes „Vektorprodukt" von „Kraftarm" multipliziert mit „Kraft". Für das Drehmoment ist nur die Kraftkomponente senkrecht zum Hebelarm wirksam. Die Maßeinheit für das Drehmoment heißt Newtonmeter (Nm). Nachweis und Wirkung des Drehmoments lassen sich mit denkbar einfachen Mitteln demonstrieren. Man nehme einen Stab und drehe ihn in der einen Hand. Mit der anderen Hand halte man das Ende des

Stabes fest. Die Kraft, die diese Hand aus der Drehbewegung spürt, ist das Drehmoment, das aus der Drehbewegung resultiert.

Getriebe sind für die Übertragung der Antriebskraft eines Motors zwingend erforderlich, weil er Leistung und Drehmoment nicht in jedem Drehzahlbereich gleichmäßig zur Verfügung stellt. Bei einem Verbrennungsmotor entwickeln sich beide erst mit steigender Drehzahl zu ihrem Maximum. Bei niedrigen Drehzahlen fällt die Abgabe von Leistung und Drehmoment gering aus, weil für die Beschleunigung Trägheitsmomente überwunden werden müssen. Um die Drehzahl des Motors auf die Antriebsdrehzahl abzustimmen, damit Kraft und Leistung optimal an die Räder gelangen können, bietet das Getriebe unterschiedliche Übersetzungen. Der Schaltvorgang wählt beim Fahrzeuggetriebe den besten Gang in Abhängigkeit zur Motordrehzahl.

Wenn das Auto still steht, muss der Kraftfluss zwischen Motor und Getriebe ebenso unterbrochen werden, wie für den Wechsel der Gangstufen. Diese Aufgabe übernimmt die Kupplung.

Eine weitere Variante des Getriebes, die für ein modernes Auto unerlässlich ist, ist das Differenzialgetriebe, volkstümlich „Differenzial" genannt. Dabei handelt es sich um ein so genanntes „Ausgleichsgetriebe". Es gleicht verschiedene Drehzahlen aus, die beispielsweise bei einer Kurvenfahrt entstehen. Die Räder auf der Innenseite einer Kurve legen bekanntlich einen kürzeren Weg zurück als die auf der Außenseite. Das Differenzialgetriebe verteilt Kräfte und wirkt bei Gegenkräften als Sperre. Die Erfindung des Differenzials hatte bereits im Zusammenhang mit der ersten Rechenmaschine 82 v. Chr. ihren Auftritt. Seine Wiederentdeckung verdanken wir Leonardo da Vinci (1452-1519).

Das Differenzial ist ein so genanntes „Planetengetriebe" oder auch „Planetenradgetriebe" und somit eine Bauform des Zahnradgetriebes. Es zeichnet sich durch große Kompaktheit und die Eigenschaft aus, Kräfte stufenlos übertragen zu können. Zudem überträgt es Kräfte in eine Richtung und wirkt bei Gegenkräften als Sperre. Diese Funktion kommt beim Sperrdifferenzial zum Tragen.

Das Planetengetriebe baut sich aus drei wesentlichen Elementen auf. Das zentrale Rad auf einer Welle ist das „Sonnenrad". Von außen begrenzt das System ein Hohlrad mit Innenverzahnung. Die meist drei Zahnräder, die das Sonnen- mit dem Hohlrad verbinden, sind die Planetenräder. Beim Einsatz von zwei verschiedenen Antriebseinheiten wie Verbrennungs- und Elektromotor lässt sich das Planetengetriebe auch als Weiche für die Kraftübertragung nutzen. Die drei Betriebszustände, die ein Planetengetriebe erlaubt, ermöglichen somit die Funktionen „Übertragen", „Stoppen" und „Umleiten". Erfolgt der Eingang der Kraft über das Sonnenrad und stoppt das Hohlrad, leisten die Planetenräder die Kraftübertragung; stoppen hingegen die Planetenräder, läuft der Kraftausgang über das Hohlrad. Liefert das Hohlrad die Kraft, stoppt das Sonnenrad und die Planetenräder übertragen die Kraft; bei gestoppten Planetenrädern läuft die Kraft über das Sonnenrad. Bilden die Planetenräder den Krafteingang überträgt beim Stopp des Sonnenrads das Hohlrad die Kraft beziehungsweise umgekehrt beim Stopp des Hohlrades das Sonnenrad.

Das Planetengetriebe bietet also ideale Voraussetzungen für den Einsatz im Hybridantrieb. Dabei sind die Planetenräder mit dem Verbrennungsmotor verbunden, der Elektromotor mit dem Hohlrad und der Generator mit dem Sonnenrad. Die Fähigkeit des Planetengetriebes, nicht nur Leistung zu übertragen, sondern auch zu verteilen, ermöglicht es, die Antriebskraft des Verbrennungsmotors sowohl auf die Räder als auch auf den Generator zu übertragen.

# Die aktuelle Hybridtechnik bei Toyota und Lexus

Zehn Jahre nach Vorstel-
lung des ersten Hybridau-
tos in Serie, stellt der Toyota Konzern 2007 den Lexus
LS 600h als Krone seiner
Hybridentwicklung vor.

## Wachstum durch anforderungsgerechte Fahrzeuge

Die Entscheidung der Verantwortlichen bei Toyota, auf
die konsequente Entwicklung des Hybridantriebs zu
setzen, resultiert aus der grundsätzlichen Überlegung,
dass der wirtschaftliche Erfolg des Unternehmens als
Automobilhersteller langfristig nur dann gesichert ist,
wenn die Produkte sich durch maximale Umweltverträglichkeit an die Gegebenheiten und Rahmenbedingungen des 21. Jahrhunderts anpassen können. Wohlgemerkt war zum Zeitpunkt, als diese Entscheidung
getroffen wurde, nicht absehbar, wie sich diese Rahmenbedingungen bis hin zu gesetzlichen Vorgaben be-
züglich Abgasgrenzwerten auf den weltweiten Märkten im neuen Jahrhundert entwickeln würden.

Die gründlichen Analysen der Energie- und CO$_2$-Bilanz
für alle Antriebskonzepte ebneten schließlich den Weg
für den Hybridantrieb. Dabei umfassten die damaligen
Studien nicht nur die Energie- und CO$_2$-Bilanz für den
Betrieb eines Fahrzeugs, sondern das gesamte Auf-
kommen für dessen Entwicklung, die Gewinnung der

## CO₂ Ausstoß pro Liter Kraftstoff
Benzin: 2,356 kg – Diesel: 2,642 kg

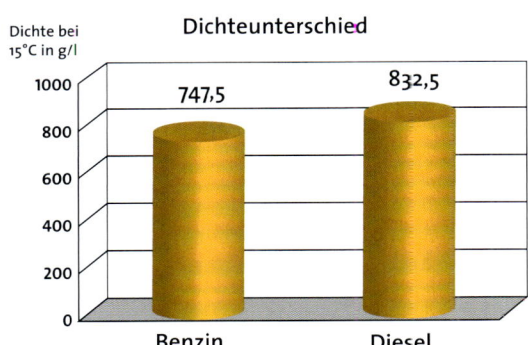

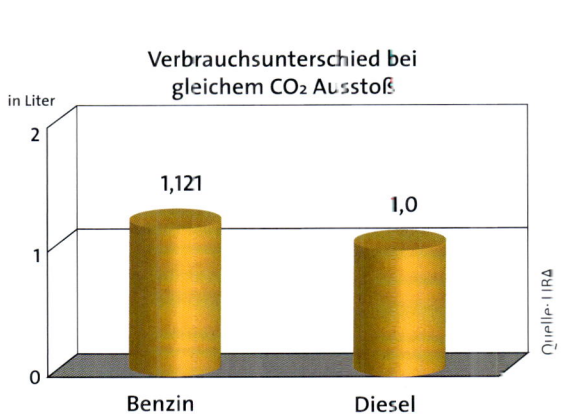

Rohstoffe, Produktion, Wartung und das Recycling am Ende des Lebenszyklus. Wird beispielsweise die komplette $CO_2$-Bilanz eines Toyota Avensis mit Benzinmotor und Automatikgetriebe als Maßstab mit dem Faktor 1 genommen, so erreicht ein Prius 1 den Faktor 0,61. Der Prius 2 unterschreitet die Grenze von 0,6 bereits.

Die Entscheidung, den Hybridantrieb mit Ottomotor zu entwickeln, fiel bei Toyota nach umfangreichen Untersuchungen. Zwar lassen sich mit modernen Dieselmotoren noch einmal deutlich geringere Verbrauchswerte realisieren, doch tritt beim Diesel noch ein anderes Phänomen auf. Während bei der Verbrennung eines Liters Otto-Kraftstoff 2,356 Kilo $CO_2$ entstehen, sind es beim einem Liter Diesel 2,642 Kilo $CO_2$, also 12 Prozent mehr. Im Hinblick auf eine geplante Besteuerung des Kohlendioxid-Ausstoßes bei Automobilen, mit der für Europa ab 2010 gerechnet wird, und schärferen Grenzwerten (Euro 5, 6) für den gleichen Zeitraum, die wiederum die Abgasnachbehandlung verteuern, verändert sich die Betriebskostensituation bei einem Dieseltriebwerk zum Nachteil des Kunden. Beim Benzinmotor sehen die Toyota Ingenieure noch ein beachtliches Spar-

potenzial in punkto Kraftstoffverbrauch. Mittel- und langfristig sprechen somit wesentliche Faktoren für die Zukunft des Benzinmotors und seine Verwendung in Verbindung mit einem Hybridantrieb: Gewicht, Abgasreinigung und Produktionskosten.

Auch auf der Waage spielt der Ottomotor entscheidende Vorteile aus. So wiegt ein 2,0 Liter großer D4-D-Vierzylinder-Dieselmotor von Toyota mit einer Leistung von 85 kW 190 Kilo. Ein 1,5-Liter-Vierzylinder-Benziner mit 58 kW kommt auf 90 Kilo. Somit reduziert der Benziner das Fahrzeuggewicht, benötigt weniger Material in der Fertigung und verringert die Kosten erheblich. Hinzu kommt: Die Abgasreinigung beim Ottomotor ist bei geringerem technischen Aufwand wesentlich effektiver als beim Dieselmotor. Die für die Hybridantriebe bei Toyota verwendeten Motoren erreichen mit einer Standardabgasreinigung (geregelter Dreiwege-Katalysator mit zwei Lambdasonden) einen Stickoxidausstoß ($NO_x$), der bei praktisch Null liegt. Die Abgaswerte der derzeit von Toyota eingesetzten Hybridantriebe unterbieten alle derzeit gültigen Abgasgrenzwerte weltweit ebenso deutlich wie künftig angedachte.

**Der Otto-Motor weist deutliche Vorteile beim Gewicht und in der Fertigung gegenüber dem Diesel auf.**

2,0 Liter D4-D, 190 kg, 85 kW, 280 Nm          1,5 Liter Benzin, 90 kg, 58 kW, 115 Nm

Die Vorteile bei den Produktionskosten für den Benzinmotor fallen um so höher aus, je kleinvolumiger das Triebwerk wird. Dieser Umstand wird vor allem beim Antrieb von kleineren Fahrzeugen bedeutsam. Dort erfordern weitere Verschärfungen von Abgasgrenzwerten vor allem bei Dieselmotoren einen so großen technischen Aufwand, dass ihr Einsatz für Verbraucher immer weniger attraktiv wird.

## Kleine Hybridkunde der Typologien

Hybridantriebe, wie sie in den aktuellen Fahrzeugen zum Einsatz kommen, bilden unterschiedliche Systeme: parallele und serielle. Beim parallelen Hybridsystem bilden Benzin- und Elektroantrieb zwei getrennte Einheiten, die jeweils aus Motor und Energiespeicher bestehen. Das heißt einmal Benzinmotor und Tank, beziehungsweise Elektromotor und Batterie. Beide Systeme sind mit einem Getriebe verbunden, das den Kraftfluss zur angetriebenen Achse koordiniert. Dieses Hybridsystem ermöglicht einen reinen Elektroantrieb.

Beim seriellen System sind die Antriebseinheiten hintereinander angeordnet, der Antrieb erfolgt ausschließlich über den Elektromotor. Die elektrische Energie erzeugt der Verbrennungsmotor in Verbindung mit dem Generator. Der Verbrennungsmotor verfügt über keine mechanische Verbindung zur angetriebenen Achse. Er arbeitet im möglichst optimalen Wirkungsbereich und ist direkt mit dem Generator verbunden.

Beim Hybridantrieb sind wiederum drei verschiedene Typen zu unterscheiden: Micro Hybrid, Mild Hybrid und Strong Hybrid.

Micro Hybrids sind die einfachsten Systeme, die über keinen zusätzlichen Elektroantrieb verfügen. Zu den Merkmalen eines Micro Hybrid zählt eine Motorabschaltung mit Start-/Stopp-Funktion. Sie ist besonders im Stop-and-Go-Verkehr wirksam. Ein weiteres Merkmal des Micro Hybrid ist die regenerative Bremse. Mit diesem System wird beim Bremsen Energie zurückgewonnen. Micro Hybrids eignen sich wegen ihres einfachen Aufbaus besonders zum Einsatz in kleinen Fahrzeugen. Sie finden sich aktuell in den Toyota Modellen Yaris Eco, Vitz, Toyoace, aber auch im C3 Senseo von Citroën. BMW nutzt das System inzwischen auch für Fahrzeuge der 1er- und 3er-Baureihe.

Beim Mild Hybrid unterstützt ein Elektromotor den Antrieb. Ein reiner Fahrbetrieb mit Elektroantrieb ist nur sehr begrenzt möglich. Mild Hybrids versorgen im Stand elektrische Komfortverbraucher wie Klima- oder

Der Honda Accord in seiner US-Ausführung ist ein typischer Vertreter der Antriebsvariante „Mild Hybrid".

Der Yaris Eco ist ein Microhybrid (oben). Der Toyota Estima ist bislang nur für den japanischen Markt vorgesehen.

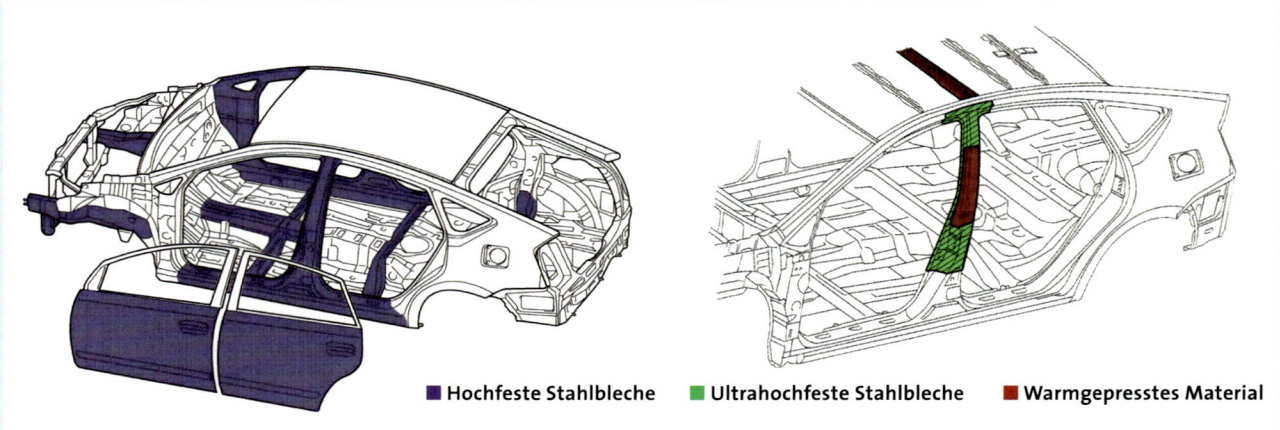

**Hochfeste Stahlbleche** ■ **Ultrahochfeste Stahlbleche** ■ **Warmgepresstes Material**

**Der Prius verfügt nicht nur über einen innovativen Antrieb. Seine Karosserie ist nach modernster Technik gefertigt.**

**Die Luftfahrttechnik war Pionier der „by-wire"-Systeme, über die nun auch der Prius 2 verfügt.**

Audioanlage mit Energie, ohne dass dabei der Verbrennungsmotor arbeitet. Mild Hybrids setzt vor allem Honda in den Modellen Civic, Accord und Insight ein. Toyota verwendet den Mild Hybrid beim Crown, einer Limousine der Oberklasse, die ausschließlich dem japanischen Markt vorbehalten ist.

Der Strong Hybrid schließlich ermöglicht auch den Fahrbetrieb mit reinem Elektroantrieb. Toyota bietet den Strong Hybrid bereits in einer breiten Modellpalette an. Neben dem Prius gibt es einen Strong Hybrid im Camry für den amerikanischen Markt, ebenso den SUV Highlander. In Japan vertreibt Toyota die Modelle Estima und Alphard mit Hybridantrieb. Der Estima entspricht dem Previa, der Alphard ist ebenfalls ein Van. In den USA vertreibt Ford seit 2004 als erstes Modell den SUV Escape mit einem Strong Hybrid.

Beim Micro Hybrid beträgt das Einsparpotenzial beim Verbrauch im Stadtverkehr bis zu 20 Prozent. Mit dem Mild Hybrid lassen sich in der Stadt bis 60 Prozent erzielen, beim Strong Hybrid liegt das Einsparpotenzial zwischen 40 und 80 Prozent, je nach Kapazität der Batterie.

## Der Toyota Prius 2

Zum Jahreswechsel 2003/2004 löste die zweite Generation des Prius den Prius 1 ab. Eine Modellpflege erfolgte im März 2006. Das neue Antriebskonzept des Prius 2 erhielt den Namen „Hybrid Synergy Drive (HSD)". HSD basiert auf den Grundlagen der Antriebsentwicklung für den Prius 1, bildet jedoch ein deutlich effektiveres Antriebssystem, das neue Maßstäbe in punkto Dynamik, Fahrkomfort und Umweltverträglichkeit bei Hybridantrieben setzt. Das neue System zeichnet sich gegenüber dem Vorgänger unter anderem durch verbesserte Synergieeffekte zwischen Verbrennungs- und Elektromotor aus. Dies spiegelt sich in reduziertem Verbrauch und geringeren Emissionswerten wieder, bei gleichzeitig verbesserter Leistung und damit dynamischeren Fahrleistungen. Dem Elektromotor fällt beim HSD eine wesentlich wichtigere Rolle zu. Er dient unter fast allen Fahrbedingungen als Hauptantriebsquelle. Die Entwickler sorgten hier für ein optimiertes Antriebsmanagement, eine auf 500 Volt erhöhte Systemspannung und leistungsfähigere Motoren. Die leistungsgesteigerte Batterie markierte

bei ihrer Vorstellung mit ihrer Leistungsdichte einen weltweiten Spitzenplatz.

Der Antrieb des Prius 2 reduziert Energieverluste auf ein Minimum, während die regenerative Bremsanlage die Rückgewinnung der Energie beim Bremsen deutlich wirkungsvoller praktiziert. Die Systemleistung des Hybridantriebs beim Prius 2 beträgt 82 kW (113 PS). Die Systemleistung addiert das Leistungsangebot des Ottomotors und der Batterieeinheit. Sie liefert beim Prius 2 zudem ein maximales Drehmoment von 478 Newtonmetern. Damit lässt sich die 1300 Kilo schwere Limousine aus dem Stand auf Tempo 100 in 10,9 Sekunden beschleunigen und eine Höchstgeschwindigkeit von 170 km/h erreichen. Trotz der spürbaren Leistungssteigerung fällt der Kraftstoffverbrauch gegenüber dem Vorgänger um 15 Prozent geringer aus. Der Prius 2 benötigt gerade 4,3 Liter Benzin auf 100 Kilometer.

Doch nicht nur beim Verbrauch setzt der Prius 2 Maßstäbe. Mit seinen Emissionswerten ist er das sauberste Fahrzeug seiner Klasse. Beim Ausstoß von HC (Kohlenwasserstoffen) und NO$_x$ (Stickoxide) unterschreitet der Hybridantrieb die Grenzwerte der Euro-4-Norm für Benzinmotoren um 88,8 Prozent, die der Dieselmotoren um 93 Prozent. Die Emission von CO$_2$ beträgt im Mittel 104 Gramm pro Kilometer.

Im Prius 2 feierten zahlreiche technische Merkmale ihre Premiere in einem Serienfahrzeug. Dazu zählen unter anderem die elektro-hydraulische Bremsanlage oder der elektrisch betriebene Klimakompressor, der seinen Energiebedarf primär aus der zurück gewonnenen Energie der Batterieeinheit deckt.

Die elektrischen und elektronischen Systeme, die im Prius 2 zum Einsatz kommen, nutzen statt der gängigen mechanischen und hydraulischen Lösungen erstmals die so genannte „by-wire"-Technik: „Drive-by-wire", „Shift-by-wire", „Brake-by-wire". Wie der Name schon sagt, ermöglichen diese Systeme das Bedienen und Steuern von Fahrzeugen ohne eine mechanische Kraftübertragung der Bedienelemente zu den entsprechenden Stellelementen. Die Steuerung von Funktionen erfolgt über elektrische Leitungen und Servomotoren. Der Name ist aus der Luftfahrttechnik entlehrt.

**Planetenradträger**

**Ölpumpe  E-Motor  Sonnenrad      Hohlrad  Generator  Verbrennungsmotor**

**Geräuscharme Kette**

**Übersetzung**

**Differential**

Schematische Darstellung
der Kraftübertragung beim
Hybridantrieb von Toyota.

„Fly-by-wire" beinhaltet in der Luft- und Raumfahrt die vollständige mechanische Entkopplung von Steuerelement (Steuerknüppel) und Stellmotoren. Die Entwicklung dieser Systeme für Flugzeuge begann Ende der 50er-Jahre, um die komplizierten, schweren und schwierig zu wartenden Steuerungen für Klappen und Ruder mit Stangen, Hydraulik und Seilzügen zu ersetzen. 1972 stellte die NASA (National Aeronautics and Space Administration) für die Raumfähre des Apollo-Programms ein Fly-by-wire-System vor.

Wie im Flugzeug muss auch im Auto sicher gestellt sein, dass die Übertragung der Daten schnell und über mehrere getrennte Leitungen erfolgt. Dies erfordert ein „redundantes" System. Redundanz beschreibt das Vorhandensein von mindestens zwei funktional gleich ausgerichteten Systemen. Bei einem Defekt oder Ausfall eines Systems, gewährleistet das zweite die sichere Funktion des Fahrzeugs. Diese Voraussetzung schafft die Kommunikation sämtlicher Steuereinheiten über so genannte „Datenbusse". Den „CAN-Bus" (Controller Area Network) entwickelte Bosch 1983 für die Vernetzung von Steuergeräten in Automobilen. Das

zusammen mit Intel 1985 vorgestellte System sollte nicht zuletzt helfen, die bis zu zwei Kilometer langen Kabelbäume im Fahrzeug zu reduzieren und damit Gewicht zu sparen.

Die Technik, die Toyota erstmals im Prius 2 einsetzt, erlaubt die Umsetzung von Steuerbefehlen in Echtzeit sowie in einer bislang nicht gekannten Präzision. Das ermöglichte vor allem für das Antriebsmanagement einen bemerkenswerten Entwicklungssprung. Dafür konnten zahlreiche Funktionen und Einzelkomponenten zu einer integrierten Steuer- und Regeleinheit zusammengefasst werden. Das Fahrzeugkonzept des Prius 2 orientierte sich an einer Limousine der Mittelklasse. Gegenüber dem Vorgänger wuchs der Prius 2 um 135 auf 4450 Millimeter Gesamtlänge. Noch bemerkenswerter fällt der Zuwachs beim Radstand aus, der um 150 auf 2700 Millimeter anstieg. Dieses Wachstum setzt der Prius 2 vor allem im Innenraum um, wo das Platzangebot, vor allem aber die Kniefreiheit im Fond deutlich wuchs. Alltagstauglichkeit und Nutzwert spiegelt auch der geräumige Gepäckraum wieder. Sein Ladevolumen beträgt 410 Liter. Mit einer im Verhältnis

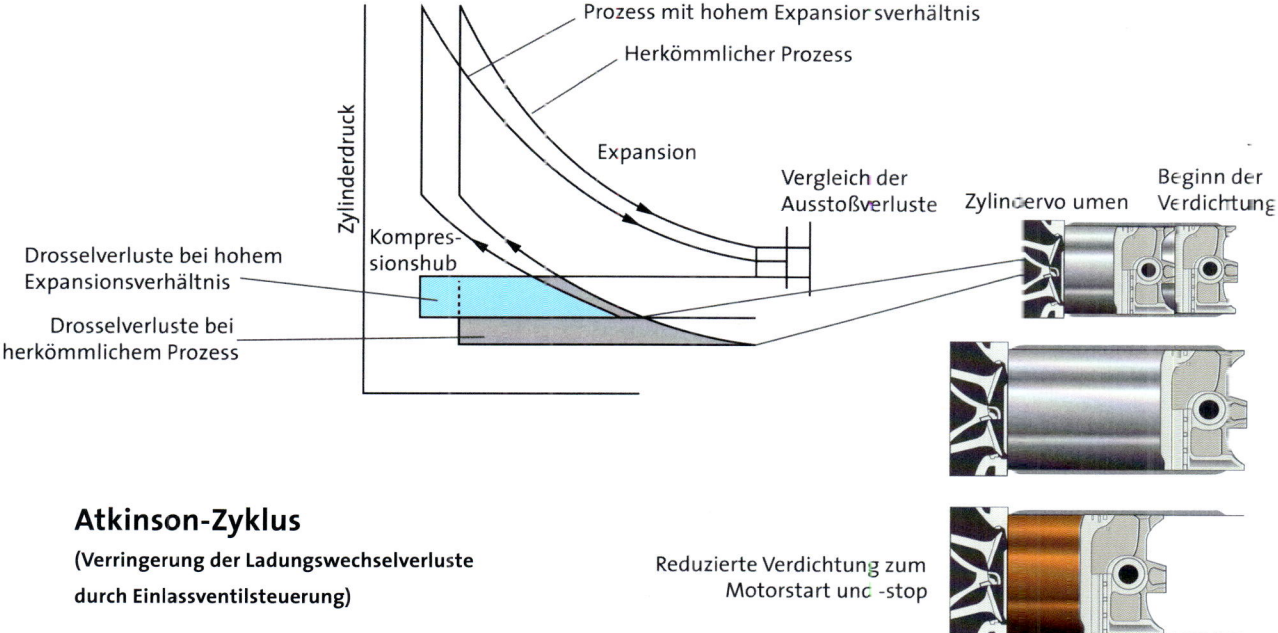

Prozess mit hohem Expansionsverhältnis

Herkömmlicher Prozess

Expansion

Vergleich der
Ausstoßverluste

Zylindervolumen

Beginn der
Verdichtung

Zylinderdruck

Kompressionshub

Drosselverluste bei hohem
Expansionsverhältnis

Drosselverluste bei
herkömmlichem Prozess

## Atkinson-Zyklus
**(Verringerung der Ladungswechselverluste
durch Einlassventilsteuerung)**

Reduzierte Verdichtung zum
Motorstart und -stop

40:60 teil- und umklappbaren Rücksitzlehne qualifiziert sich der Prius 2 auch für die Bewältigung anspruchsvoller Transportaufgaben. Und mit einem Luftwiderstandsbeiwert von 0,26 gehört der Prius 2 zu den strömungsgünstigsten Fahrzeugen überhaupt.

Der HSD (Hybrid Synergy Drive) des Prius 2 ist ein so genanntes Mischhybridsystem. Es verbindet die Vorteile des seriellen mit denen des parallelen Hybrids. Der Antrieb erfolgt entweder nur über den Verbrennungsmotor, alleine über den Elektromotor oder auch über beide Motoren. Mit seiner stufenlos variablen Leistungsverzweigung der Planetengetriebeeinheit ist der Antrieb in der Lage, gleichzeitig für Vortrieb und für elektrische Energie zu sorgen beziehungsweise sie zu speichern. Wie beim Prius 1 stammen die wesentlichen Komponenten des Hybridantriebs beim Prius 2 aus der Entwicklungsabteilung von Toyota. Die Nickel-Metallhydridbatterie liefert der Partner Matsushita/Panasonic EV.

Der Leichtmetall-Vierzylinder mit einem Hubraum von 1497 cm3 und einem Bohrung-/Hub-Verhältnis von 75 x 84,7 Millimeter ist ein Ottomotor, der speziell auf den Einsatz in einem Hybridantrieb abgestimmt ist und auf dem bewährten Aggregat des Vorgängers basiert. Der Motor entwickelt seine maximale Leistung von 57 kW (78 PS) bei 5000/min. Da er auch den Generator antreibt, ergibt das Drehzahlniveau eine hohe elektrische Leistungsausbeute, die sich wiederum in den fahrdynamischen Werten niederschlägt. Das maximale Drehmoment von 115 Newtonmetern steht bereits bei 4000/min zur Verfügung. Zum hohen Wirkungsgrad des Vierzylinders trägt nicht zuletzt der so genannte „Atkinson-Zyklus" bei. Dieser Zyklus beschreibt eine spezielle Ventilsteuerung. Dabei schließen die Einlassventile eines Ottomotors so spät dass ein Teil des Gemischs wieder in den Ansaugtrakt gelangt, um von anderen Zylindern wieder verwertet werden zu können. Dies erlaubt es, den Motor trotz einer Verdichtung von 13:1 mit Superbenzin von 95 ROZ (Research Oktanzahl, bestimmt die Klopffestigkeit) zu betreiben. Diese Technik, die der Engländer James Atkinson (1846-1914) 1886, genau zehn Jahre nach Nikolaus Ottos Erfindung des Viertaktmotors entwickelt hat, dient der Erhöhung des Wirkungsgrades. Der Atkinson-Zyklus

ermöglicht es, den Prius in vielen Ländern sogar mit Normalbenzin (91 ROZ) zu betreiben.

Beim Einsatz innerhalb eines Hybridantriebs kommt der wesentliche technische Nachteil des Atkinson-Zyklus weniger zum Tragen: Er liefert in niedrigen Drehzahlbereichen ein relativ geringes Drehmoment. Dieses Manko gleicht beim Hybridantrieb der Elektromotor aus, der hohes Drehmoment zum Anfahren und Beschleunigen bei niedrigen Drehzahlen zur Verfügung stellt. Natürlich arbeitet der Vierzylinder mit der stufenlos variablen Ventilsteuerung VVT-i (Variable Valve Time intelligent). Dazu kommen zahlreiche Detailmaßnahmen, um das Gewicht des Motors und die innermotorischen Reibungszustände zu minimieren. So weisen die Kolbenböden einen oval geformten Brennraum auf, der zur besonders schnellen Entflammung des Gemischs aus Kraftstoff und Luft beiträgt. Die geringe Wandstärke und Kontaktfläche der Kolbenmäntel sowie die stärker ausgelegte Beschichtung sorgen für ein geringes Gewicht und in Verbindung mit einer reduzierten Spannung der Kolbenringe für einen deutlich verminderten Reibungswiderstand.

Das elektronische Gaspedal informiert über einen Positionssensor, der die Stellung des Gaspedals erfasst, das Antriebsmanagement. Falls neben dem Elektromotor auch der Verbrennungsmotor gefordert ist – sei es zum Antrieb oder zum Aufladen der Batterie –, betätigt die elektronische Drosselklappenstellung ETCS-i (Electronic Throttle Control System intelligent) einen Stellmotor an der Drosselklappe, so dass eine spontane und präzise Umsetzung des Gasbefehls erfolgt. Das Motormanagement arbeitet mit einem 32-bit-Prozessor, der die Vielzahl der sensorgestützten Informationen verarbeitet, und einer leistungsfähigen Selbstdiagnose.

Der Benzinmotor des Prius 2 ist mit einem geregelten Dreiwege-Katalysator ausgestattet. Dessen Träger aus Keramik ist besonders dünnwandig ausgeführt, um eine hohe Dichte zu gewährleisten. Vor dem Katalysator ist ein beheizter Sauerstoffsensor angeordnet. Er ist in der Lage, den Restsauerstoffgehalt im Abgas besonders präzise zu bestimmen. Mit den Informationen dieses Sensors ist das Motormanagement imstande, die Steuerung im Hinblick auf besonders geringe Emissionen zu optimieren.

## „Bei der Zuverlässigkeit lässt der Prius alle anderen Konkurrenten aus der Kompaktklasse hinter sich" –

(auto, motor und sport, 100.000-Kilometer-Dauertest)

Innerhalb des HSD im Prius 2 übernimmt der Elektromotor die Aufgabe der Hauptantriebsquelle. Immer wenn der Verbrennungsmotor uneffizient arbeiten würde, übernimmt der Elektromotor den alleinigen Antrieb des Prius. Der permanent erregte Drehstrom-Synchronmotor entstammt einer Entwicklung von Aggregaten für ausschließlich elektrisch angetriebene Fahrzeuge bei Toyota. Im Prius 2 ist der Elektromotor in einem Flüssigkeitskühlsystem angeordnet, das unabhängig vom Kühlkreislauf des Verbrennungsmotors arbeitet. Das Aggregat stellt zwischen 1200 und 1540/min eine Spitzenleistung von 50 kW (68 PS) bereit. Das maximale Drehmoment von 400 Newtonmetern steht zwischen 0 und 1200/min zur Verfügung. Seine Antriebsenergie mit einer Betriebsspannung von 500 Volt erhält der Motor vom Generator und/oder der Batterie. Den Kraftschluss zu den Antriebsrädern stellt das Hohlrad des Planetengetriebes her.

Über seine Antriebsfunktion hinaus übernimmt der Elektromotor eine weitere Aufgabe als Teil des regenerativen Bremssystems. Wenn der Fahrer den Prius bremst oder im Schiebebetrieb rollen lässt, fungiert das Aggregat als Generator, der die kinetische Energie des Fahrzeugs in elektrische Energie umwandelt, die sich in der Batterie speichern lässt.

Das Zu- und Abschalten des Elektroantriebs vollzieht sich in so geringen zeitlichen Abfolgen, dass der Fahrer dies subjektiv nicht wahrnimmt. Er kann über das zentrale Display die Veränderungen im Kraftfluss und beim Einsatz der einzelnen Aggregate verfolgen. Im Fahrbetrieb hinterlässt der HSD einen unverwechsel-baren Eindruck. Mit zugeschaltetem Elektroantrieb fährt der Prius vollkommen ruckfrei an und beschleunigt kraftvoll mit einer außergewöhnlichen Laufruhe.

Auch der Generator des HSD ist ein permanent erregter Drehstrom-Synchronmotor. Seine Maximaldrehzahl liegt bei 10.000/min. Er ist in das Kühlsystem des Elektromotors integriert, die kraftschlüssige Verbindung zum Planetengetriebe erfolgt über das Sonnenrad. Je nach Bedarf liefert der Generator die erzeugte Energie entweder direkt an den Elektromotor oder an die Batterie. Innerhalb des Hybrid Synergy Drive übernimmt der Generator zudem zwei weitere Aufgaben. Er dient als Anlasser für den Verbrennungsmotor und fungiert als „Übersetzungswandler" der stufenlos variablen Getriebeeinheit. Die unterschiedlichen Drehzahlen von Elektromotor und Generator bestimmen das jeweilige Übersetzungsverhältnis im Planetengetriebe.

Kamen für die Batterieeinheit beim Prius 1 noch 228 Zellen zum Einsatz, die sich auf 38 Module verteilten, weist die neue Batterie des Prius 2 nur noch 28 versiegelte Module mit insgesamt 168 Zellen auf. Dieser Akku ist um 15 Prozent kompakter und 25 Prozent leichter als sein Vorgänger. Eine neu entwickelte Struktur der Verbindung zwischen den Zellen reduziert überdies den inneren Widerstand der Batterie. Die Netzspannung beträgt 201,6 Volt Gleichstrom. Bezogen auf das Gesamtgewicht setzt der Akku des Prius mit 3000 Watt pro Kilo Gewicht eine Bestmarke. Dieser technologische Fortschritt ist ein entscheidender Faktor, da die Leistungsdichte der Batterie im Wesentlichen die erzielbaren Fahrleistungen während der Fahrt mit reinem Elektroantrieb bestimmt.

Die optimale Funktionsfähigkeit der Batterie unter allen Betriebsbedingungen und über einen langen Zeitraum ist ihr herausragendes Qualitätsmerkmal. Um dies zu gewährleisten überwacht eine komplexe elektronische Batteriesteuerung permanent Temperatur, Spannung, Stromstärke und eventuelle Kriechströme. Unter Berücksichtigung des Lade- und Entladestroms ermittelt die Steuerung permanent bis zu 20 Mal pro Sekunde den Ladezustand der Batterie. Diese Informationen gelangen an das Systemmanagement des Gesamtantriebs, das wiederum die Ladung und Entladung der Batterie überwacht. Um die Haltbarkeit der Batterie über einen sehr langen Zeitraum sicher zu stellen, spielen sich Ladung und Entladung in einem vergleichsweise schmalen Band ab, das maximal plus beziehungsweise minus zehn Prozent der halben Ladekapazität der Batterie beträgt. Diesen schmalen dauerhaft nutzbaren Ladebereich zu erweitern, ohne die Leistungskraft der Batterie zu schädigen ist eine der großen Herausforderungen für die zukünftige Entwicklung im Bereich der Akkus.

Auch im Hinblick auf die Sicherheit muss die Batterieeinheit eines Hybridfahrzeugs hohe Anforderungen erfüllen. Beim Prius 2 ist sie deshalb zwischen den Hinterrädern – außerhalb der Aufprallzone – untergebracht. Eine ausgefeilte Sensorik stellt sicher, dass die Batterie nach einem Crash vom elektrischen System des Fahrzeugs entkoppelt wird. Die einzelnen Module, die komplett versiegelt sind, überstehen eine Verformung von bis zu 80 Prozent ohne Zerstörung. Sollten dennoch Anteile der Füllung ins Freie gelangen, lässt sich das Elektrolyt-Gel wie konventionelle Batteriesäure mit Wasser verdünnen und damit unschädlich machen.

Der Hybridantrieb des Prius arbeitet mit einer hohen Betriebsspannung von 500 Volt. Die Entscheidung für diese hohe Betriebsspannung resultiert aus der physikalischen Gegebenheit, dass sich mit steigender Stromstärke die Leistungsverluste erhöhen. Beim Fluss starker Ströme geht ein Teil der Leistung als Wärme verloren. Nach der Formel „Elektrische Leistung (P) =

**Die Verteilung der Antriebskomponenten beim Toyota Prius 2 (oben). Die Montage des Batteriesatzes erfolgt unter den Rücksitzen.**

Spannung (U) x Stromstärke (I)" ist bei konstanter Leistung und Verdoppelung der Spannung eine Halbierung der Stromstärke möglich.
Der HSD nutzt noch eine weitere physikalische Gesetzmäßigkeit. Der englische Physiker James Prescott Joule (1818-1889) formulierte 1840 sein Gesetz, nach dem in einem Stromkreis die erzeugte Wärme proportional zur Leistung des Stromkreises ist: „Wärme in Kalorien = 12 Widerstand (R)". Somit lassen sich die durch Wärme bedingten Verluste in einem Stromkreis auf ein Viertel reduzieren, wenn der Widerstand konstant bleibt. Für den Hybrid Synergy Drive heißt das: Bei konstanter Stromstärke bewirkt die höhere Spannung einen Leistungszuwachs, während bei konstanter Leistung eine Senkung der Stromstärke und mit ihr die Reduzierung der Leistungsverluste einhergeht.

Eine kompakte Steuereinheit regelt den Energietransfer zwischen Batterie, Elektromotor und Generator. Sie ist mit allen Modulen des Systems vernetzt. Ihre Informationen bezieht die Steuerung vom Antriebsmanagement des Hybridsystems. Die Steuerung wandelt bzw. transformiert die 201,6 Volt große Gleichspan-

nung auf drei Wegen. So transformiert ein Spannungswandler die Batteriespannung auf eine 500 Volt hohe Gleichspannung, die wiederum ein nachgeschalteter Inverter in Drehstrom zum Antrieb von Elektromotor und Generator wandelt.

Inverter sind in der Technik grundsätzlich Schaltungen bzw. Geräte, die eine Inversion, das heißt eine Umkehrung oder Umwandlung vornehmen. In der Energietechnik lautet die korrekte Bezeichnung für einen Inverter „Wechselrichter". Der Wechselrichter wandelt Gleichstrom in ein- oder mehrphasigen Wechselstrom.

Ein zweiter Inverter wandelt beim HSD die Batteriespannung (201,6 Volt) in eine gleich große Wechselspannung. Diese Wechselspannung dient zum Betrieb des Klimakompressors. Der dritte Spannungswandler transformiert schließlich die Batteriespannung des HSD zur Versorgung der Batterie für die Bordelektrik auf 12 Volt.

Das regenerative Bremssystem ist ein weiteres herausragendes Merkmal des Hybrid Synergy Drive. Dabei arbeitet der Elektromotor als Generator, der beim Abbremsen mit der Fußbremse oder durch die Motor-

bremse im Schiebebetrieb die kinetische Energie (Bewegungsenergie) des Fahrzeugs in elektrische Energie umwandelt, die in der Batterie speicherbar ist. Der Widerstand, den das Aggregat dabei erzeugt, lässt sich als Bremskraft einsetzen. Wenn der Fahrer das Bremspedal tritt, koordiniert das elektronisch gesteuerte Bremssystem ECE (Electronically Controlled Brake) den Einsatz der elektrohydraulischen Bremsanlage und des regenerativen Bremssystems. ECB ist nicht nur für den koordinierten Einsatz der regenerativen und elektrohydraulischen Bremsanlage zuständig, sondern fasst auch die fahrdynamischen Regelsysteme wie ABS (Antiblockiersystem), EBD (Electronic Brakeforce Distribution = elektronische Bremskraftverteilung), BA (Bremsassistent), TRC (Traction Control System = Traktionskontrolle) und VSC (Vehicle Stability Control = Elektronische Stabilitätskontrolle) zu einem vollständig integrierten Steuer- und Regelkreis zusammen.

Beim Bremsen genießt das regenerative Bremssystem stets den Vorzug. Das versetzt den Prius 2 in die Lage, in vielen Situationen ausschließlich mit der regenerativen Bremse zu verzögern. Dies ermöglicht die Rück-

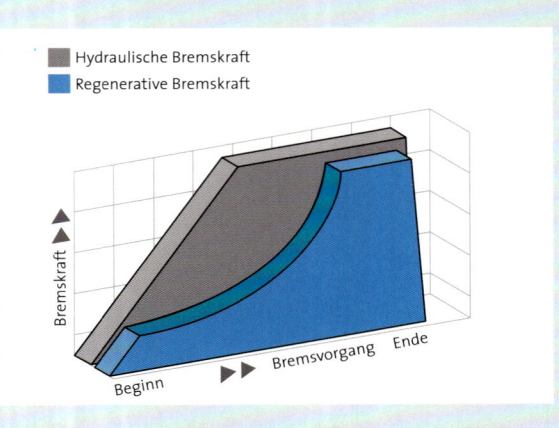

Hydraulische Bremskraft
Regenerative Bremskraft

Bremskraft

Beginn ▶▶ Bremsvorgang Ende

**Der Toyota Camry ist die meistverkaufte Limousine in den Vereinigten Staaten. Die Hybridversion leistet 192 PS.**

**Beim Bremsen genießt das regenerative Bremssystem stets den Vorzug.**

gewinnung von Energie selbst bei geringen Geschwindigkeiten. Somit arbeitet das System im Stadtverkehr oder in Verkehrssituationen, wo sich Beschleunigung und Verzögerung häufig ablösen, besonders effektiv. Damit bei jeder Art von Verzögerung optimale Sicherheit gewährleistet ist, entspricht die tatsächlich zur Verfügung gestellte Bremsleistung genau der Leistung für die Verzögerung, die der Fahrer über sein Bremspedal angefordert hat.

In punkto Alltagstauglichkeit und Qualität erfordert ein Prius 2 nicht den kleinsten Abstrich oder Kompromiss von seinem Betreiber. Bedenken gegen die Zuverlässigkeit von Komponenten wie der Batterie können Hersteller und Kundenerfahrungen im Alltagsbetrieb gleichermaßen zerstreuen. In Deutschland bietet Toyota für alle Komponenten des Hybridantriebs eine Garantie über acht Jahre oder 160.000 Kilometer. Prius 2, die beispielsweise in Berlin im Taxibetrieb laufen, haben inzwischen problemlos Laufleistungen von 400.000 und mehr Kilometern erreicht. Bei gleichzeitig durchgeführten Dauertests durch die beiden Fachzeitschriften „auto, motor und sport" und „Auto Bild" über 100.000 Kilometer, überzeugte der Prius 2 durch seine Fehlerlosigkeit. „Die Skepsis gegenüber dem Hybridsystem erwies sich schnell als unbegründet", urteilte „Auto Bild" und fügte hinzu: „Das Ergebnis: Ge-

samtnote 1 in der Zuverlässigkeitswertung." Den ersten Platz in der ewigen Zuverlässigkeitswertung der Zeitschrift verhinderte der Ausfall einer Glühlampe der Kennzeichenbeleuchtung. Zu einem ähnlichen Ergebnis kam auch „auto, motor und sport": „Bei der Zuverlässigkeit lässt der Prius alle anderen Konkurrenten aus der Kompaktklasse hinter sich. Der Prius ist dabei erste Wahl für alle, die ein sparsames und sauberes Auto mit modernster, gleichwohl aber zuverlässiger Technik und einem gewissen Schuss Extravaganz suchen."

## Modelle für die USA

„Der europäische Markt unterscheidet sich mit seinem starken Wettbewerb sehr vom amerikanischen", stellte 2006 Kazuhiko Miyadera, Vizepräsident für Forschung und Entwicklung bei Toyota Motor Europe in einem Interview der Fachzeitschrift „Motor Journal aktuell" fest. Während in Europa der Diesel seine Rolle als sparsames Antriebskonzept gefestigt hat, setzt sich in den Vereinigten Staaten der Hybridantrieb durch. Dabei unterstützen einige Rahmenbedingungen die rasante Entwicklung des Hybrids in den USA. Dazu gehören unter anderem steuerliche Vergünstigungen. Während besonders verbrauchsintensive Autos mit ei-

ner Strafsteuer belegt sind, dürfen Kunden eines Hybridautos mit Steuervergünstigungen rechnen. In Kalifornien – im Großraum Los Angeles beispielsweise – dürfen Hybridautos eine eigene Spur auf den bis zu 14 Fahrspuren breiten Freeways benutzen, die sonst nur Autos vorbehalten sind, die mehr als zwei Personen transportieren. Zur Attraktivität der Hybridfahrzeuge trägt nicht zuletzt die Entwicklung des Benzinpreises in den Vereinigten Staaten bei. Im April 2007 war der Preis für eine Gallone Normalbenzin (3,785 Liter) gegenüber August 2006 um 29,3 Prozent auf durchschnittlich 2,89 Dollar gestiegen. In San Francisco kostete die Gallone bis zu 3,30 Dollar.

Neben dem Prius, der das beliebteste Hybridauto in den USA ist, bietet Toyota zwei weitere Modelle mit Hybridantrieb an: den Camry und den Highlander. Ersterer ist traditionell der meistverkaufte Pkw in den Vereinigten Staaten. Jahr für Jahr entscheiden sich rund 450.000 Kunden für die Mittelklasse-Limousine. Für die Anfang 2006 vorgestellte jüngste Generation ist auch eine Version mit Hybridantrieb verfügbar. Der Vierzylinder-Benzinmotor mit 2,4 Litern Hubraum liefert 147 PS, die 34 Zellen der Nickel-Metallhydridbatterie speisen einen 45 PS starken Elektromotor, so dass sich die Systemleistung auf 192 PS addiert. Das reicht, um die 4,82 Meter lange und 1770 Kilo schwere Limousine aus dem Stand

Der Ottomotor des Camry Hybrid ist ein quer eingebauter Vierzylinder mit 2,4 Litern Hubraum.

**Der Toyota Highlander nutzt in der Hybridversion den gleichen Antrieb wie der Lexus RX 400h mit einem quer eingebauten V6.**

DER TOYOTA HIGHLANDER FEIERTE
SEINE PREMIERE 2005 ALS ERSTER
SIEBENSITZER MIT HYBRIDANTRIEB

auf 60 Meilen (96 km/h) in 9,4 Sekunden zu beschleunigen. Der Camry Hybrid verbraucht nach kombiniertem US-Verbrauchszyklus 5,9 Liter Kraftstoff auf 100 Kilometern. Als Topmodell der Baureihe kostet er 26.200 US-Dollar (rund 21.000 Euro).

Bei den in Amerika so beliebten SUV ist Toyota mit einem Hybridfahrzeug bereits seit 2005 aktiv, als der Highlander als erster Siebensitzer mit Hybridantrieb seine Premiere feierte. Die Antriebstechnik des 4,71 Meter langen Highlander ist technisch eng mit der des Lexus RX 400h verwandt. Der V6-Benzinmotor mit 3,3 Litern Hubraum leistet 155 kW (208 PS) bei 5600/min und liefert ein maximales Drehmoment von 238 Newtonmetern bei 4400/min. An der Vorderachse kommt ein flüssigkeitsgekühlter Drehstrom-Synchronmotor mit 123 kW (165 PS) zum Einsatz, der sein maximales Drehmoment von 333 Newtonmetern zwischen 0 und 1500/min bereit stellt. Für den Antrieb der Hin-

terachse sorgt ein luftgekühlter Drehstrom-Synchronmotor mit 50 kW (67 PS) und einem maximalen Drehmoment von 130 Newtonmetern zwischen 0 und 610/min. Die Nickel-Metallhydridbatterie teilt sich in 30 Module mit 240 Zellen auf, liefert eine Nennspannung von 288 Volt und leistet 45 kW (61 PS). Für den Highlander mit Hybridantrieb müssen amerikanische Kunden mindestens 34.610 US-Dollar (rund 26.000 Euro) investieren. Die Vorstellung des Nachfolgemodells plant Toyota für den Sommer 2007, die Variante mit Hybridantrieb folgt im Herbst 2007.

## Hybridantrieb für die Topmodelle von Lexus

Die Geschichte des Hybridantriebs bei Toyota ist eng mit der Geschichte von Lexus verbunden. Zum einen, weil die unternehmerische Entscheidung für die Grün-

dung einer eigenen Premium-Marke auf den gleichen Überlegungen basiert wie die Entscheidung, den Hybridantrieb als alternatives Antriebskonzept für das 21. Jahrhundert zu entwickeln. Zum anderen, weil der Hybridantrieb inzwischen die technische Avantgarde von Lexus dadurch unterstreicht, dass er bei der jeweiligen Modellreihe die Topmotorisierung stellt. Und nicht zuletzt haben Lexus und Hybrid gemeinsam, dass beide für zwei außergewöhnliche Erfolgsgeschichten in der jüngeren Automobilgeschichte stehen.

In jeder bedeutenden Automobilnation verkörpern die traditionsreichen Luxusmarken den Stolz der Branche. In Deutschland blickt Mercedes-Benz als ältester Autobauer der Welt auf eine mehr als 120-jährige Geschichte zurück. In England nahm 1903 der Londoner Autohändler Carl Stewart Rolls das erste Auto eines gewissen Frederic Henry Royce in sein Verkaufsprogramm auf. 1910 gründete Nicola Romeo in Italien seine „Anonima Lombarda Fabbrica Automobili (A.L.F.A.)", um fürderhin Luxusautos zu bauen. Zehn Jahre später begann Walter Owen Bentley in England seine exklusive Autoproduktion. Henry Martyn Leland gründete 1902 in den USA

eine Autofabrik, die er nach jenem französischen Adligen benannte, der 1701 Detroit als Handelsposten gegründet hatte: Antoine Laumet de la Mothe Sieure de Cadillac. Die großen Automarken verbindet einerseits ihre lange Geschichte von teilweise mehr als 100 Jahren und der nationale Charakter, der die Fahrzeuge prägt. Deutsche Luxusautos stehen für Qualität und ingeniöse Spitzenleistungen, italienische für Design und Dynamik, englische für Zeitlosigkeit und unübertreffliche Geschmackssicherheit bei der Gestaltung von Innenräumen mit feinsten Materialien, während die amerikanischen für Luxus, Überfluss und Extravaganz stehen.

Bei Lexus ist alles anders. Lexus ist die erste nicht der westlichen Hemisphäre zugehörige Automarke, die sich im Premiumsegment durchsetzen konnte. Die Geschichte von Lexus kann noch nicht einmal auf ein Vierteljahrhundert zurück blicken. Statt auf einer gewachsenen Geschichte basiert Lexus auf einer strategischen Entscheidung. 1983 entwickelte Eiji Toyoda die Vision von Lexus: Toyota sollte ein Auto bauen, das sich in der Luxusklasse mit den besten Limousinen der Welt messen konnte. Um das Wachstum und den Ertrag von

**Mit dem LS 400 begann ab 1989 der Siegszug von Lexus. Der SC 400 (links) wurde offiziell nur in den Vereinigten Staaten verkauft.**

Toyota als weltweit agierendem Unternehmen zu sichern, wollte man in ein vollkommen neues Segment vorstoßen, das nicht nur Prestige und Image versprach, sondern nicht zuletzt ausgezeichnete Gewinne – schließlich entspricht der Erlös aus einer Luxuslimousine nach einer Faustformel dem von zehn Verkäufen in der Kompaktklasse.

Mit einem bis dahin einmaligen Aufwand an Entwicklungsarbeit und Investitionen, gewann die Vision von Lexus 1989 Gestalt in Form des LS 400, der auf der Detroit Motor Show 1989 seine Premiere feierte. Ein Jahr später liefen von der 245 PS starken Limousine bereits mehr als 70.000 Einheiten vom Band. Mehr als 600.000 LS 400 wurden es bis zum Produktionsende im Jahr 2000. Heute verkauft Lexus alleine in den Vereinigten Staaten rund 350.000 Autos im Jahr. Selbst auf dem weltweit am härtesten umkämpften Luxusmarkt Deutschland mit drei etablierten heimischen Premiumherstellern konnte Lexus 2006 5203 Kunden überzeugen.

Für einen nicht unerheblichen Teil der Überzeugungskraft sorgt der Hybridantrieb, der bei Lexus eine spezielle Rolle spielt. Er übernimmt in der jeweiligen Baureihe den Platz des Topmodells. Mit dem Hybridantrieb will Lexus zwei sich eigentlich widersprechende Anforderungen erfüllen. Einmal die an niedrigen Verbrauch und geringe Klimabelastung und andererseits die an hohe Leistung, Luxus, Komfort und Fahrvergnügen.

## Hybrid als neues Antriebskonzept

Das Hybridzeitalter bei Lexus begann 2005. Als erstes Modell feierte der RX 400h seine Premiere. Der SUV, dessen erste Auflage 1998 entstanden war, basiert auf der aktuellen Version von 2003. Der RX 400h ist nicht nur der erste Premium-SUV mit Hybridantrieb, er ist auch das erste Auto mit elektrischem Allradantrieb. Die Antriebstechnik basiert auf der bewährten Basis des Prius, freilich mit deutlich leistungsfähigeren Komponenten.

Der Verbrennungsmotor des RX 400h stammt von der US-Version Lexus RX 330. Die beiden Zylinderbänke des V6 aus Leichtmetall sind in einem Winkel von 60 Grad

**Der RX 400h war das erste Modell von Lexus, das über einen Hybridantrieb verfügte.**

**Das Zentraldisplay des RX 400h zeigt die aktuelle Verteilung der Antriebskräfte an.**

angeordnet. Der Hubraum beträgt 3311 cm$^3$. Mit 92 Millimetern Bohrung und 83 Millimetern Hub ist der Motor deutlich kurzhubig ausgelegt. Das Triebwerk entwickelt 155 kW (211 PS) bei 5600/min und erreicht sein maximales Drehmoment von 288 Newtonmetern bei 4400/min. Die variable Ventilsteuerung VVT-i wählt die Ventilüberschneidungen stets so, dass der Motor mit hohem Wirkungsgrad arbeiten kann. Zudem erlaubt die Ventilsteuerung eine kurzfristig deutlich reduzierte Verdichtung, um das Starten und Stoppen des Verbrennungsmotors sanft ablaufen zu lassen.

Der Sechszylinder verfügt weder über Anlasser, Lichtmaschine noch Keilriemen zum Antrieb von Nebenaggregaten. Der Start erfolgt über den Generator. Zündanlage und andere elektrische Verbraucher wie Klimakompressor oder Servolenkung beziehen ihre Energie direkt aus dem Netz der elektrischen Hybridkomponenten. Das Planetengetriebe, das mit Elektromotor und Generator eine kompakte Einheit bildet, übernimmt die mechanische Verbindung zwischen Verbrennungsmotor und elektrischem Hybridsystem. Der permanent erregte Drehstrom-Synchronmotor liefert

eine Spitzenleistung von 123 kW (167 PS) bei 4500/min. Seine Höchstdrehzahl liegt bei 12.400/min an. Er entwickelt sein maximales Drehmoment von 333 Newtonmetern zwischen 0 und 1500/min. Der Elektromotor liefert im Vergleich zum Prius bei fast identischen Abmessungen eine 2,5-fach höhere Leistung. Dies ermöglicht eine deutlich höhere Betriebsspannung von 650 Volt gegenüber den 500 Volt des Prius.

Seine Energie bezieht der Elektromotor, der in ein Flüssigkeitskühlsystem integriert ist, das unabhängig vom Kühlkreislauf des Verbrennungsmotors agiert, vom Generator und/oder der Hybridbatterie. Das Sonnenrad des zweiten Planetengetriebes stellt den Kraftschluss zu den Antriebsrädern her. Dieser Planetensatz untersetzt die Drehzahlen des Elektromotors und sorgt somit für eine Erhöhung des Drehmoments auf maximal 750 Newtonmeter. Wie beim Prius übernimmt der Elektromotor auch Aufgaben des regenerativen Bremssystems. Der Generator, der auch als Anlasser für den V6 und als Übersetzungswandler der stufenlos variablen Getriebeeinheit dient, ist ebenfalls ein permanent angeregter Drehstrom-Synchronmotor mit einer Ma-

ximaldrehzahl von 13.000/min. Das Sonnenrad des ersten Planetensatzes übernimmt die kraftschlüssige Verbindung zum Planetengetriebe.

Beim Lexus RX 400h kommt eine Kombination aus zwei Planetengetrieben zum Einsatz. Verbrennungsmotor und Generator sind über den Planetenträger beziehungsweise das Sonnenrad mit dem ersten Planetensatz verbunden. Das Hohlrad stellt die Verbindung zu den Antriebsrädern her. Der Elektromotor ist an das Sonnenrad des zweiten Planetensatzes gekoppelt. Auch hier erfolgt der Kraftschluss zu den Antriebsrädern über das Hohlrad. Der zweite Planetensatz untersetzt die hohen Drehzahlen des Elektromotors im Verhältnis 1:2,478 zur Steigerung des Drehmoments. Elektromotor, Generator und Planetengetriebe sind beim RX 400h zu einer kompakten Einheit zusammengefasst, die 117 Kilo wiegt. Obwohl das System mit der dreifachen Leistung arbeitet wie beim Prius beträgt das Mehrgewicht nur 10 Kilogramm. Auch im Vergleich zu einem automatischen Fünfganggetriebe der entsprechenden Leistungsklasse braucht sich die Antriebseinheit des Hybrids nicht zu verstecken. Die rund

95 Kilo der Automatik kompensiert der Hybrid mit seiner deutlich höheren Leistungsausbeute.

Das Planetengetriebe im RX 400h arbeitet wie ein elektronisch gesteuertes, stufenlos variables Getriebe. Die unterschiedlichen Drehzahlen von Generator und Elektromotor bestimmen die jeweilige Übersetzung. Daher entfällt eine Kupplung und im Gegensatz zu Schalt- oder Automatikgetriebe gibt es keine Zugkraftunterbrechungen und Schaltpausen.

Dank seines Hybridantriebs realisiert der RX 400h seine Allradfunktionalität. Dabei treibt ein zweiter Elektromotor die Hinterachse an. Auch hier kommt ein permanent erregter Drehstrom-Synchronmotor zum Einsatz der dank der hohen Betriebsspannung von 650 Volt zwischen 4610 und 5120/min 50 kW (68 PS) leistet. Das maximale Drehmoment von 130 Newtonmetern steht zwischen 0 und 610/min zur Verfügung. Der Motor ist luftgekühlt und bedient sich der gleichen Energieversorgung wie der andere Elektromotor. Elektromotor, Vorgelege und Differenzial sind zu einer lediglich 41 Kilo schweren Einheit in einem Gehäuse aus Leichtmetall

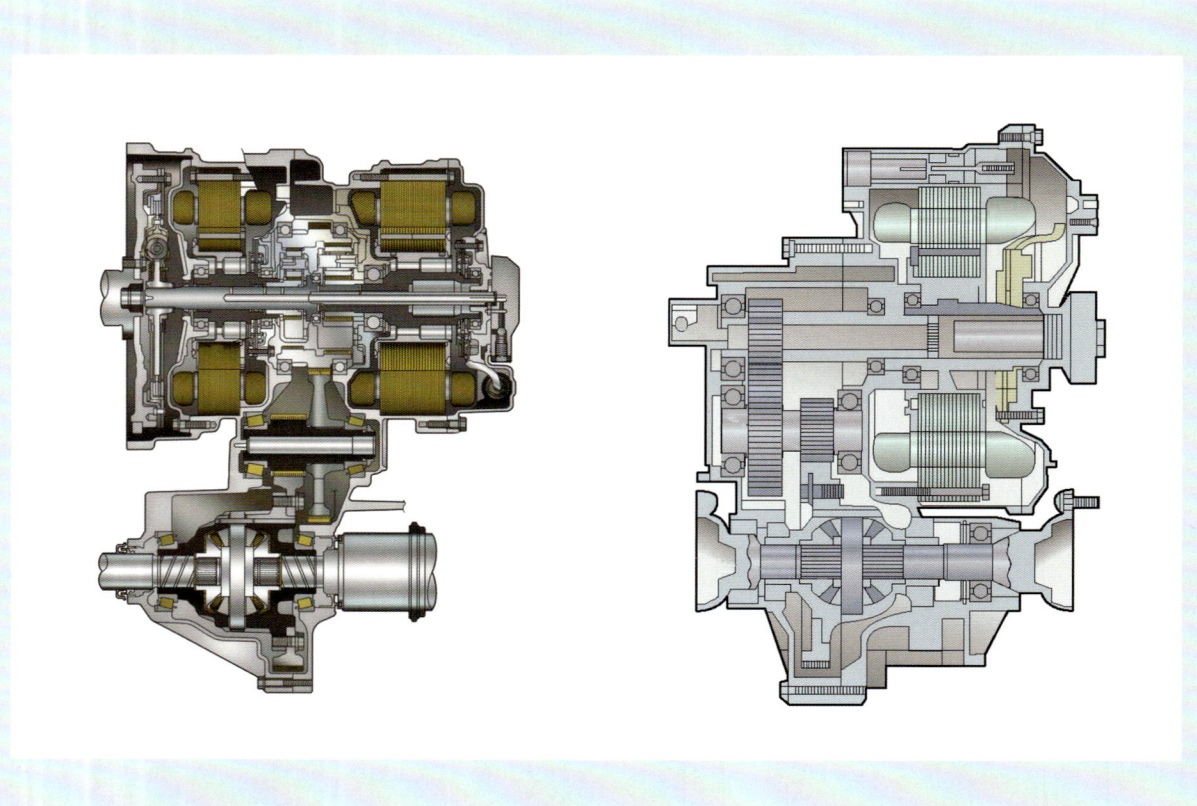

**Die Antriebseinheiten des RX 400h für die Vorderachse (oben links) und die Hinterachse. Die Batterie befindet sich unter den Rücksitzen.**

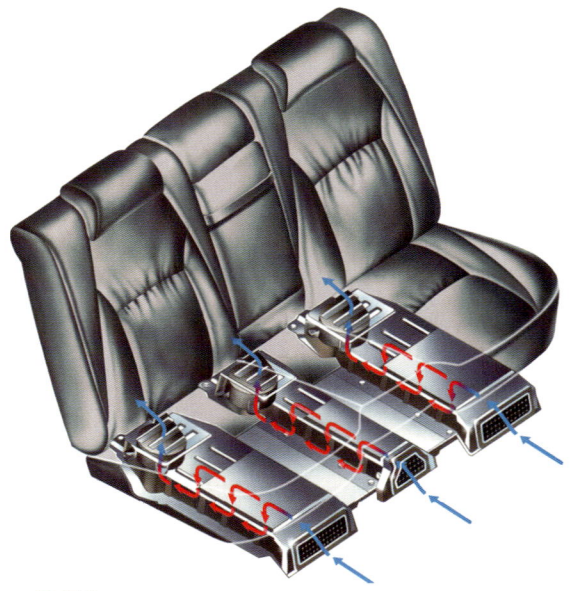

zusammengefasst. Die Übersetzung beträgt 6,859:1. Die Steuerung des Motors erfolgt übrigens unabhängig von der vorderen Antriebseinheit. Da keine mechanische Verbindung zwischen den Achsen besteht, entfallen Verteilergetriebe und Kardanwelle, was wiederum einen deutlichen Gewichtsvorteil mit sich bringt.

Der kompakte Akkumulator, eine Nickel-Metallhydridbatterie der neusten Generation, ist dreigeteilt und unter der Sitzbank im Fond platziert. 240 Zellen bilden 30 versiegelte Module. Die Nennspannung beträgt 288 Volt, die Batterieleistung 45 kW (61 PS). Gegenüber dem Prius (500 Volt) arbeitet der Hybridantrieb beim Lexus RX 400h mit 650 Volt, um noch konsequenter die Vorteile einer hohen Spannung in punkto Energieeffizienz zu nutzen. Mit einer Systemleistung von 200 kW (272 PS) war der RX 400h bei seiner Vorstellung das bis dahin leistungsstärkste Hybridauto. Die Antriebs-

leistung entspricht der eines gängigen Achtzylinders, der Verbrauch von 8,1 Litern auf 100 Kilometer rangiert dagegen eher in Regionen einer Mittelklasse-Limousine. Dabei ist der RX 400h ein Luxus-SUV, der neben ausgezeichneten Offroad-Qualitäten auch überzeugende Fahrleistungen bietet. Dies belegen die 7,6 Sekunden, die für einen Spurt aus dem Stand auf Tempo 100 erforderlich sind, sowie die Höchstgeschwindigkeit von 200 km/h – wohlgemerkt bei einem Leergewicht, das je nach Ausstattung zwischen 2075 und 2150 Kilogramm liegt. Der Hybridantrieb beweist, dass ein solches Leistungs- und Fahrdynamikpotenzial nicht auf Kosten der Umwelt gehen muss. Die $CO_2$-Emissionen betragen beim RX 400h 192 Gramm pro Kilometer. Während Stickoxide ($NO_x$) kaum mehr messbar sind, unterbietet der Ausstoß von Kohlenwasserstoffen (HC) und Kohlenmonoxid (CO) die Grenzwerte der Euro-4-Norm um jeweils rund zwei Drittel.

Der ursprüngliche Entwurf für den Lexus GS 300 stammte von Giorgetto Giugiaro.

## Neuer Maßstab für die Leistung

Auf dem Weg zu einer eigenständigen Modellfamilie präsentierte Lexus Anfang 1993 den GS. Hatte sich der LS 400 international bereits erfolgreich gegen die S-Klasse von Mercedes-Benz oder die 7er-Reihe von BMW behauptet, so sollte der GS gegen E-Klasse und 5er-Reihe antreten. Das europäisch anmutende Design basierte auf einem Entwurf, den Giugiaro 1990 als Jaguar „Kensington" bis zu einer fahrbaren Studie entwickelt hatte. Nachdem Jaguar kein Interesse am „Ken-

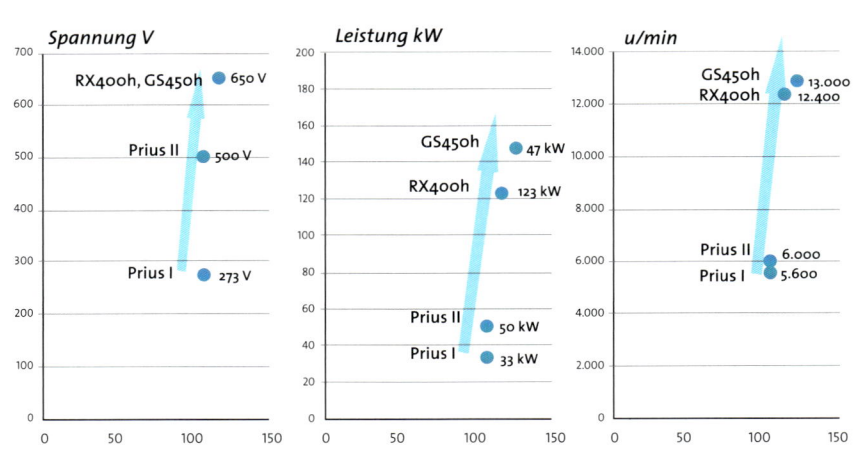

Spannung V

Leistung kW

u/min

Gewicht Hybrideinheit /E-Motor /Generator kg

**Die drei Grafiken verdeutlichen die schnellen Fortschritte in Sachen Leistungssteigerung bei gleichzeitiger Gewichtsreduzierung wichtiger Hybridkomponenten.**

**Die Arbeitsweise der D-4S-Einspritzung unter drei verschiedenen Lastzuständen: Kaltlauf (oben), geringe Drehzahl (Mitte) und Normalbetrieb (unten).**

sington" zeigte, erwarb Toyota die Rechte an dem Entwurf und setzte ihn 1991 als „Aristo" um. Die Weiterentwicklung reüssierte als Lexus GS. Die Zeitlosigkeit des Entwurfs bewahrte sich in ihrer Grundlinie bei der zweiten Generation des GS (1997 bis 2003) und ist auch beim aktuellen Modell erkennbar, das 2005 seine Premiere feierte.

Zum GS 300 mit 249 PS und GS 430 mit 283 PS gesellte sich Anfang 2006 als Topmodell der GS 450h. Die Limousine schraubte die Systemleistung des Hybridantriebs auf eine neue Rekordmarke von 254 kW (345 PS). Für den Antrieb des GS 450h konstruierten die Entwickler einen komplett neuen Verbrennungsmotor. Der V6 aus Leichtmetall besitzt einen Gabelwinkel von 60 Grad und hat einen Hubraum von 3456 cm³. Ein kurzhubiges Bohrung-/Hub-Verhältnis von 94 x 83 Millimeter, zwei oben liegende Nockenwellen, vier Ventile pro Zylinder und die stufenlose Nockenwellenverstellung VVT-i liefern konstruktive Eckdaten des Motors. Eine weitere konstruktive Charakteristik ist die so genannte „D-4S-Einspritzung". Das System kombiniert Saugrohr- und Direkteinspritzung, um Wirkungsgrad, Verbrauch und Emissionswerte in allen Betriebsberei-

chen zu optimieren. Die Benzindirekteinspritzung erlaubt bei niedriger Drehzahl und geringer Last keine optimale Gemischbildung, was sich in einem unbefriedigenden Abgasverhalten niederschlägt. In diesem Bereich bietet die Saugrohreinspritzung Vorteile. Wegen der Drosselung entsteht ein vergleichsweise hoher Unterdruck im Ansaugtrakt und damit eine höhere Strömungsgeschwindigkeit, die eine homogene Gemischbildung im Saugrohr begünstigt. Somit arbeitet der Motor bei mittlerer und niedriger Last mit einer kombinierten Einspritzung, die Verbrauch und Schadstoffemissionen minimiert. Bei Volllast arbeitet der entdrosselte Motor mit großen Luftmengen. Damit lassen sich die Vorteile der Direkteinspritzung optimal nutzen. Das D-4S-Einspritzsystem verfügt über sechs Zwölfloch-Düsen, die den Kraftstoff mit bis zu vier bar Druck in die Saugrohre einspritzen. Die Direkteinspritzung arbeitet mit einer Hochdruckpumpe, die den Kraftstoff über eine gemeinsame Druckleitung (Common Rail) mit bis zu 130 bar Druck an die sechs Injektoren liefert. Dank der Ventilgestaltung mit je zwei rechteckigen 0,52 x 0,13 Millimeter großen Bohrungen gelangt das fein zerstäubte Benzin als flacher und fächerförmiger Doppelstrahl in die Brennräume.

## STEUERUNG IN DER KALTLAUFPHASE

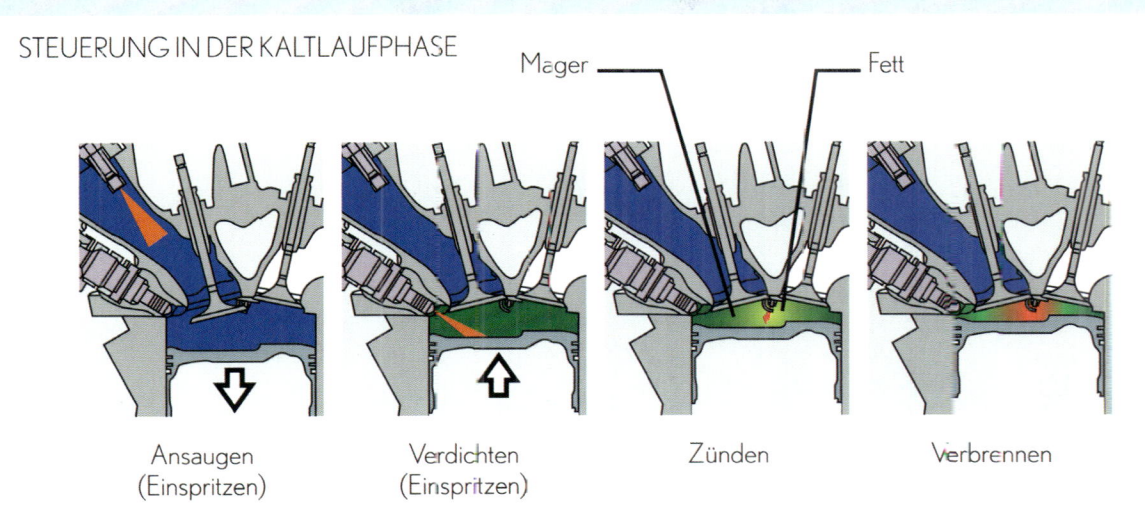

Mager        Fett

Ansaugen
(Einspritzen)

Verdichten
(Einspritzen)

Zünden

Verbrennen

## EINSPRITZVERFAHREN BEI NIEDRIGER BIS MITTLERER LAST

Stöchiometrisches
Kraftstoff-Luftgemisch

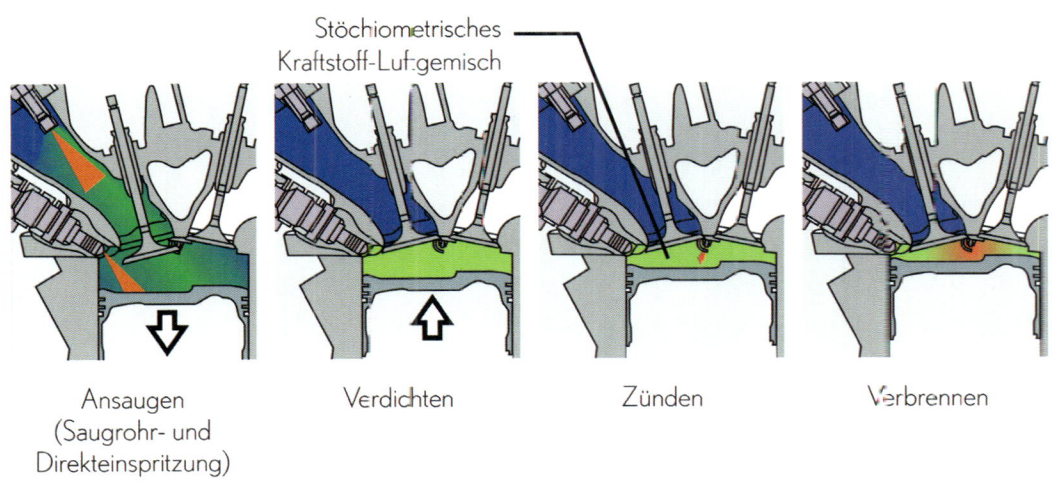

Ansaugen
(Saugrohr- und
Direkteinspritzung)

Verdichten

Zünden

Verbrennen

Fett        Mager

## STEUERUNG UNTER NORMALEN BEDINGUNGEN

Stöchiometrisches
Kraftstoff-Luftgemisch

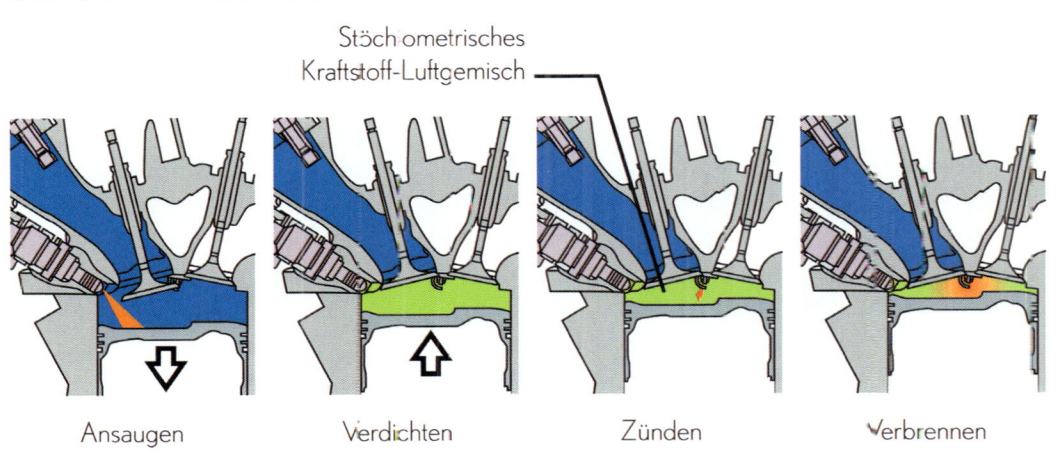

Ansaugen
(Einspritzen)

Verdichten

Zünden

Verbrennen

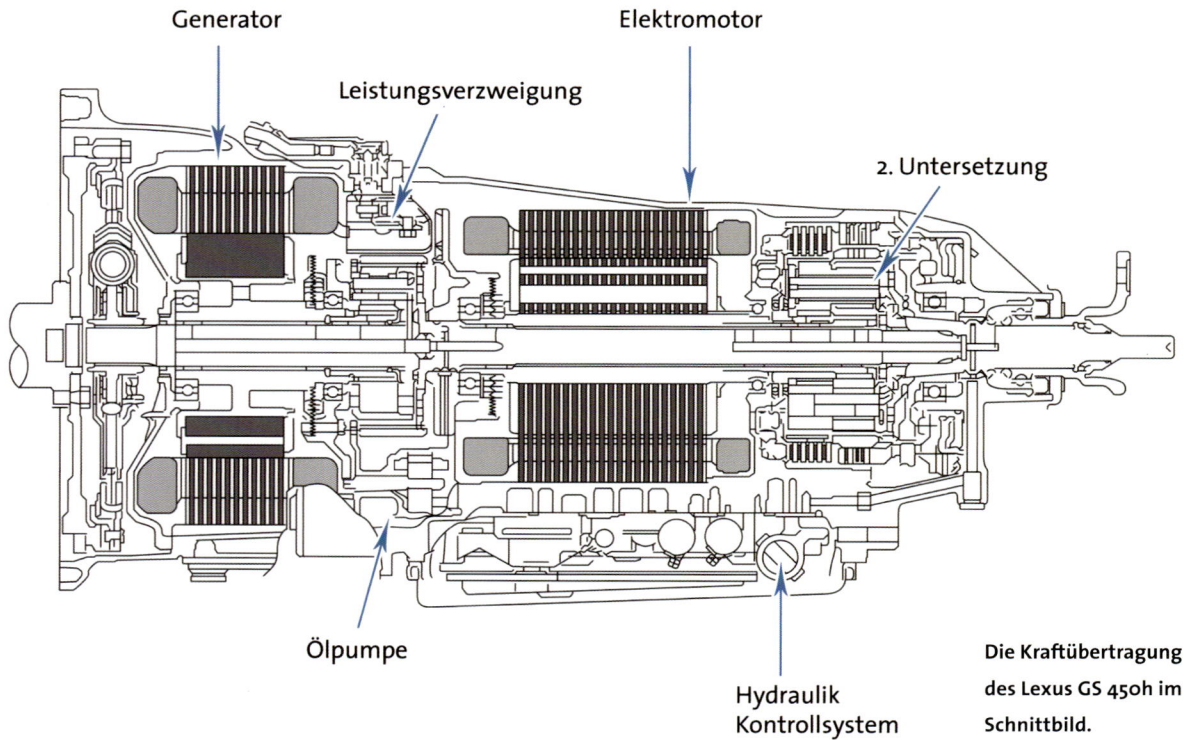

Generator

Leistungsverzweigung

Elektromotor

2. Untersetzung

Ölpumpe

Hydraulik
Kontrollsystem

**Die Kraftübertragung
des Lexus GS 450h im
Schnittbild.**

Der V6 des GS 450h leistet 218 kW (296 PS) bei 6400/min. Das maximale Drehmoment von 368 Newtonmetern steht bei 4800/min bereit. 90 Prozent dieses Bestwerts sind in einem extrem breiten Drehzahlfenster zwischen 2000 und 6000/min verfügbar. Den hohen konstruktiven Aufwand des Triebwerks spiegeln auch die Maßnahmen zur Abgasreinigung wider. Die Auspuffanlage ist aus Edelstahl gefertigt. Die großvolumigen Endschalldämpfer verfügen über Klappen, die sich je nach Abgasdruck öffnen oder schließen. Bei geringer Drehzahl und mithin geringem Abgasdruck verringert die Klappe das Volumen und sorgt damit für mehr Drehmoment, während sich bei hoher Drehzahl und geöffneter Klappe der Abgasgegendruck reduziert, was zu einer Leistungssteigerung führt. Im Abgassystem arbeiten vier geregelte Katalysatoren. Zwei Katalysatoren sind direkt hinter den Auspuffkrümmern aus Edelstahl und damit nahe an den Auslasskanälen platziert. Dort erwärmen sie schnell und können entsprechend kurz nach dem Start des Motors mit der Umwandlung der Schadstoffe beginnen. Die beiden an-

deren Katalysatoren sind vor dem Mittelschalldämpfer eingebaut. Insgesamt vier beheizte Abgasgemisch-Sensoren vor den Katalysatoren ermitteln das tatsächliche Gemisch aus Luft und Kraftstoff, während vier nachgeschaltete, beheizte Sauerstoffsensoren den Restsauerstoffgehalt im Abgas messen.

Wie bei den anderen Hybridantrieben ist der Elektromotor ein permanent erregter Drehstrom-Synchronmotor, der eine Spitzenleistung von 147 kW (200 PS) zwischen 5613 und 13.000/min liefert. Zwischen 0 und 3840/min steht das maximale Drehmoment von 275 Newtonmetern zur Verfügung. Verglichen mit dem des RX 400h ist der Elektromotor kleiner, aber mit 33 Zusatz-PS um mehr als 20 Prozent stärker. Im reinen Elektrobetrieb erreicht der GS 450h 50 km/h und eine Reichweite von zwei Kilometern. Die Betriebsspannung mit 650 Volt ist ebenso identisch mit der des RX 400h wie die Arbeitsweise des Planetengetriebes, dessen zweiter Planetensatz als zweistufiges Untersetzungsgetriebe zwischen Verbrennungs- und Elektromotor arbeitet.

Der Kraftschluss des Generators, ein ebenfalls perma- nent erregter Drehstrom-Synchronmotor mit einer ma- ximalen Drehzahl von 13.000/min, zum Getriebe erfolgt über das Sonnenrad des ersten Planetensatzes. Lexus setzt im GS 450h eine weiter entwickelte Kombination aus zwei Planetengetrieben ein, die auf das Antriebs- konzept mit einem längs eingebauten Frontmotor und Heckantrieb abgestimmt ist. Neben der zweistufigen Untersetzung zwischen Elektro- und Verbrennungsmo- tor arbeitet das Hybridsystem mit einem sequenziel- len Hybrid-Schaltprogramm, mit dessen Hilfe die Bremswirkung des Antriebs in sechs Stufen gezielt ein- gesetzt werden kann. Zudem erlaubt ein Schalter im Cockpit die Auswahl der Fahrmodi, um den Leistungs- charakter des Antriebs zum Beispiel an sportliche Fahr- weise oder rutschige Fahrbahnverhältnisse anzupas- sen. Die Einheit aus Elektromotor, Generator und zwei Planetengetrieben wiegt beim GS 450h 127 Kilo.

Die Nickel-Metallhydridbatterie des GS 450h teilt sich in 240 Zellen auf, die 40 versiegelte Module bilden. Die Nennspannung beträgt 288 Volt Gleichstrom. Die Leis- tung liegt bei 36 kW (48 PS). Nickel-Metallhydridbatterien lassen sich am Ende des Fahrzeuglebens übrigens kom- plett recyceln. Vor allem das Nickel, aus dem 70 Prozent der Batterieeinheit bestehen, ist ein wertvoller Rohstoff.

Die Einheit aus Inverter/Konverter, in der alle Module zur Regelung des Energietransfers zwischen Hybrid- batterie, Elektromotor und Generator untergebracht sind, baut nicht mehr größer als eine konventionelle 12-Volt-Batterie. Damit ist die Einheit um 63 Prozent kleiner und 43 Prozent leichter als beim RX 400h. Das regenerative Bremssystem ist beim GS 450h identisch mit den übrigen Hybridmodellen ausgelegt.

Wie schon beim RX 400h gilt auch für den GS 450h, dass sich dank des Hybridantriebs Komfort und höchs- te Fahrdynamik mit günstigen Verbrauchswerten kom- binieren lassen. Mit den 5,9 Sekunden die der GS 450h für den Spurt aus dem Stand auf Tempo 100 benötigt, kann er sich selbstbewusst mit exklusiven Sportwa-

gen messen. Bei 250 km/h regelt die Elektronik den weiteren Vortrieb der 1940 Kilo schweren Limousine ab. Mit einem Verbrauch von 7,9 Litern auf 100 Kilometern fällt der Einsatz von Kraftstoff erstaunlich gering aus.

## Die Krone der Hybridentwicklung

Es ist sicher kein Zufall, dass der Toyota Konzern zehn Jahre Hybridantrieb in der Serienfertigung sowie eine Million produzierte Hybridfahrzeuge mit einer ganz besonderen Entwicklung krönt. Der LS 600h, der ab

Spätsommer zu den Kunden in Europa gelangt, vereint bemerkenswerte Superlative. Zum ersten Mal kommt der Hybridantrieb in einer Luxuslimousine zum Einsatz. Der Hybridantrieb des LS 600h ist der erste, der als Verbrennungsmotor einen V8-Benziner nutzt. Die Systemleistung erklimmt ein absolutes Rekordniveau von 327 kW (445 PS). Damit bietet der LS das Leistungsniveau eines Zwölfzylinders mit sechs Litern Hubraum, wie ihn die Wettbewerber Audi A8 6.0 W12 (331 kW/450 PS), BMW 760i (327 kW/445 PS) oder VW Phaeton 6.0 W12 (331 kW/450 PS) aufweisen. Dieser gewaltige Leistungseinsatz begnügt sich jedoch mit dem Kraftstoffbedarf eines Sechszylinders, wie die 9,3 Liter auf 100 Kilometer belegen. Das Datenblatt des Audi notiert

**Beim Lexus LS 600h kommt zum ersten Mal bei einem Hybridantrieb ein V8-Otto-motor zum Einsatz.**

nem Gabelwinkel von 90 Grad bei einem Hubraum von 4608 cm3 280 kW (380 PS). Für den Einsatz im 600h vergrößerten die Ingenieure den Hub von 83 auf 89,5 Millimeter bei einer gleich bleibenden Bohrung von 94 Millimeter. Daraus resultiert ein Hubraum von 4969 cm3; die Leistung des Fünfliters liegt nun bei 280 kW (394 PS). Besonders deutlich fällt der Zuwachs in Sachen Drehmoment aus. Während der 4,6-Liter 493 Newtonmeter bei 4100/min bereit stellt, liefert der Fünfliter 520 Newtonmeter bei 4000/min.

Detailmaßnahmen der Triebwerksentwicklung betrafen unter anderem Kolben, Kurbelwelle, Pleuel, die stufenlose Ventilsteuerung VVT-iE (Variable Valve Time – intelligent Electric) bis hin zur Ölwanne, die für den Allradantrieb kompatibel gemacht wurde. VVT-iE markiert die dritte Entwicklungsstufe der stufenlosen Ventilsteuerung VVT. Sie ermöglicht eine größere Überlappung der Ventilöffnung beziehungsweise -schließung unter allen Betriebsbedingungen des Motors. Damit verbessert sich das Drehmoment und der Ausstoß von Stickoxiden und Kohlenwasserstoffen reduziert sich deutlich. Das herkömmliche, hydraulisch betätigte VVT arbeitet erst, wenn das Motoröl eine Temperatur von mindestens 30 Grad erreicht hat, beziehungsweise ab einer Motordrehzahl von 1000/min. VVT-iE ist das erste elektrisch kontrollierte System zur stufenlosen Ven-

14,7 Liter, das des BMW 13,6 und jenes des Volkswagen 14,5 Liter auf 100 Kilometer. Und nicht zuletzt bringt der Hybridantrieb im LS 600h erstmals in einer Limousine die Kraft per Allradantrieb auf die Straße

Doch nicht alleine Leistung und geringer Verbrauch standen im Lastenheft der Entwickler. Auch in punkto Laufruhe und Komfort soll der LS 600h eine Spitzenposition unter den Luxuslimousinen dieser Welt einnehmen. Exklusiv für den Hybridantrieb des LS 600h entwickelten die Ingenieure bei Lexus einen V8, der der fortschrittlichste und stärkste Ottomotor in der Geschichte der Marke ist. Als Grundlage dient der V8 des LS 460. Dort leistet das Leichtmetalltriebwerk mit ei-

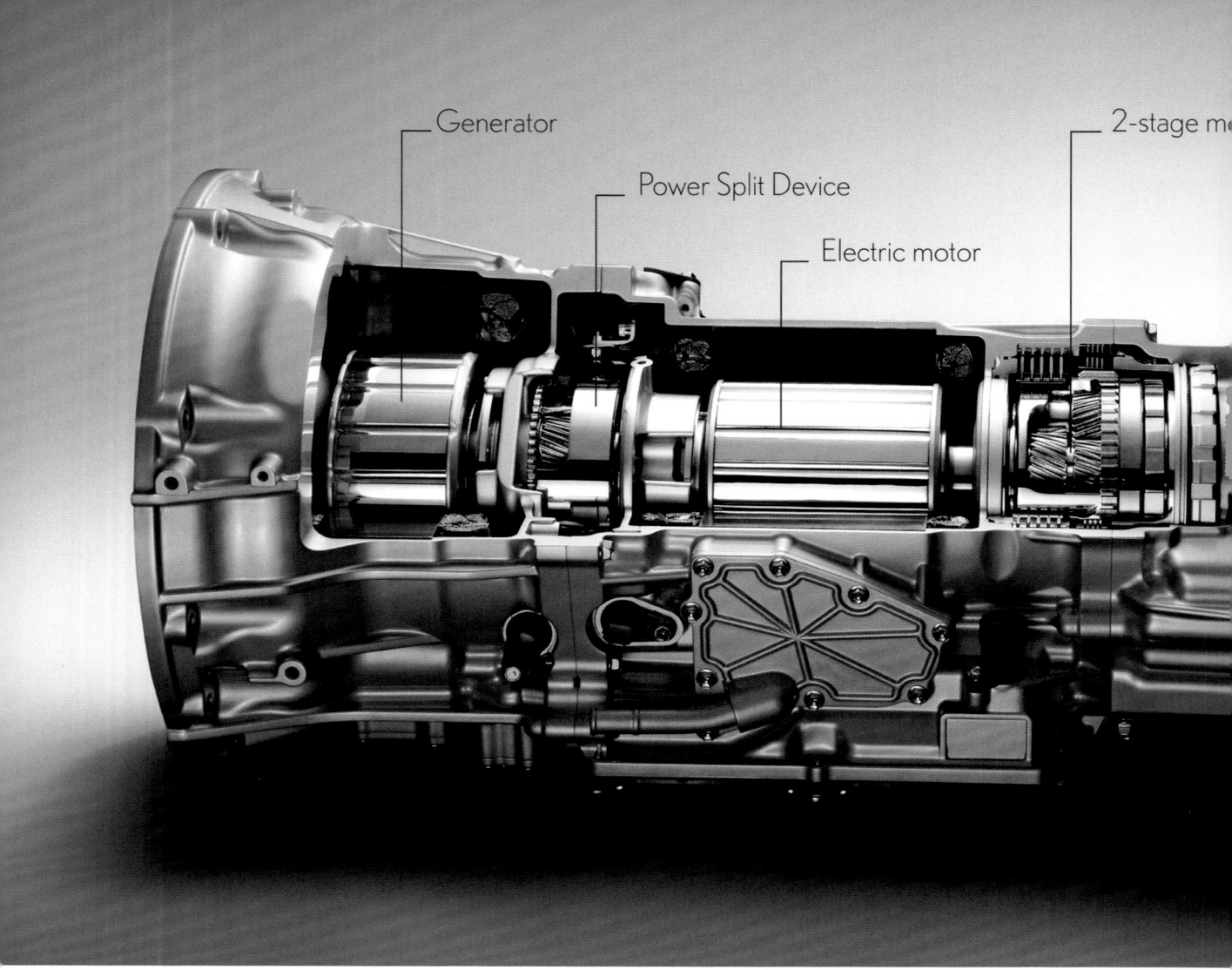

Generator

Power Split Device

Electric motor

2-stage m

tilsteuerung, das über das gesamte Drehzahlband und das komplette Temperaturspektrum arbeitet. Wie beim V6 des GS 450h kommt auch beim V8 das D-4S-Einspritzsystem zum Einsatz, das Saugrohr- und Direkteinspritzung verbindet.

Der Elektromotor des Hybridantriebs im LS 600h ist so konfiguriert, dass er den Ansprüchen an Leistung, aber auch an eine kompakte Bauweise gerecht wird. Der permanent erregte Drehstrom-Synchronmotor leistet 165 kW (224 PS), liefert ein maximales Drehmoment von 300 Newtonmetern und arbeitet mit einer Spannung von 650 Volt. Der Generator ist ebenso ein permanent erregter Drehstrom-Synchronmotor, der mit einer Spannung von 650 Volt arbeitet. Elektromotor und Generator sind flüssigkeitsgekühlt. Die Nickel-Metallhydridbatterie fasst 120 Zellen in 20 Modulen zusammen. Sie

ist unter den Rücksitzen untergebracht und leistet 37 kW (51 PS) bei einer Spannung von 288 Volt.

Die Kraftübertragung des LS 600h fasst in einem Gehäuse Generator, Kraftverzweigung, Elektromotor, Getriebe und Torsen-Differenzial für den Allradantrieb zusammen. Der Elektromotor ist durch einen zweiten Planetensatz mit der Kraftverzweigung verbunden. Dieser Planetensatz erlaubt einen Wechsel der Übersetzung des Elektromotors zwischen „niedrig" (3.900:1) und „hoch" (1.900:1) und damit eine Optimierung des Drehmoments über den gesamten Geschwindigkeitsbereich bis zur abgeregelten Spitze von 250 km/h. Die Kraftübertragung arbeitet mit drei verschiedenen Programmen, die über einen Schalter in der Mittelkonsole vorgewählt werden können. „Hybrid" bietet eine optimale Balance aus Kraft und Traktion, „Power" setzt den Schwerpunkt

d reduction device

TORSEN® Limited Slip Differential

**Die Kraftübertragung des LS 600h ist mit einem mechanischen Torsen-Differenzial verbunden, das einen Teil der Antriebskraft auf die Vorderräder leitet.**

auf Beschleunigung und „Snow" verbessert die Traktionskontrolle bei glatter Fahrbahn.

Um die hohe Leistung des Hybridantriebs problemlos auf die Straße bringen zu können, entschieden sich die Entwickler beim LS 600h für einen permanenten Allradantrieb mit einem Torsen-Differenzial. Es sorgt im Normalbetrieb für eine Verteilung der Antriebsleistung im Verhältnis von 40 Prozent auf die Vorder- und 60 Prozent auf die Hinterachse. Je nach Einsatz oder Fahrbahnbeschaffenheit kann die Verteilung des Antriebsmoments stufenlos zwischen 50:50 und 30:70 variieren.

Die Kombination des stärksten Hybridantriebs mit einer Limousine der Luxusklasse markiert in Gestalt des Lexus LS 600h nur den vorläufigen Höhepunkt der Entwicklungsgeschichte des Hybridantriebs, die ständig weiter fort schreitet.

## Die Zukunft hat schon begonnen

„Toyota wird den Ausbau umweltfreundlicher Fahrzeuge und die Entwicklung umweltfreundlicher Antriebe in den nächsten Jahren weiter verstärken." Mit dieser Erklärung zeigte Katsuaki Watanabe, Präsident von Toyota, die Strategie des Unternehmens für die weitere Zukunft auf. Bis 2010 werden alle Motorenfamilien im Hinblick auf Senkung des Verbrauchs und der $CO_2$-Emissionen optimiert. Dafür investiert Toyota Jahr für Jahr rund sechs Milliarden Euro in die erforderliche Forschung und Entwicklung. Ein Schwerpunkt liegt dabei auf der Hybridentwicklung. Bis zum Beginn des nächsten Jahrzehnts soll sich die Anzahl der Modelle, auf die der Kunde zurückgreifen kann, verdoppeln. Der Hybridantrieb so die Erkenntnis aller wichtigen Autohersteller der Welt ist eine Technik, an der künftig niemand vorbei kommt

Im Hinblick auf eine verbesserte Umweltverträglichkeit lassen sich alle Motorenarten mit der Hybridtechnik kombinieren. Einen Schwerpunkt werden die so genannten „Plug in"-Hybrids bilden, an denen Toyota gleichermaßen wie Ford und General Motors arbeitet. „Plug in"-Hybrids sind mit leistungsstärkeren Batterien ausgestattet, so dass sie weitere Strecken mit reinem Elektroantrieb zurücklegen können. Diese leistungsstärkeren Batterien lassen sich zusätzlich per Kabel (plug in) aus dem Stromnetz aufladen.

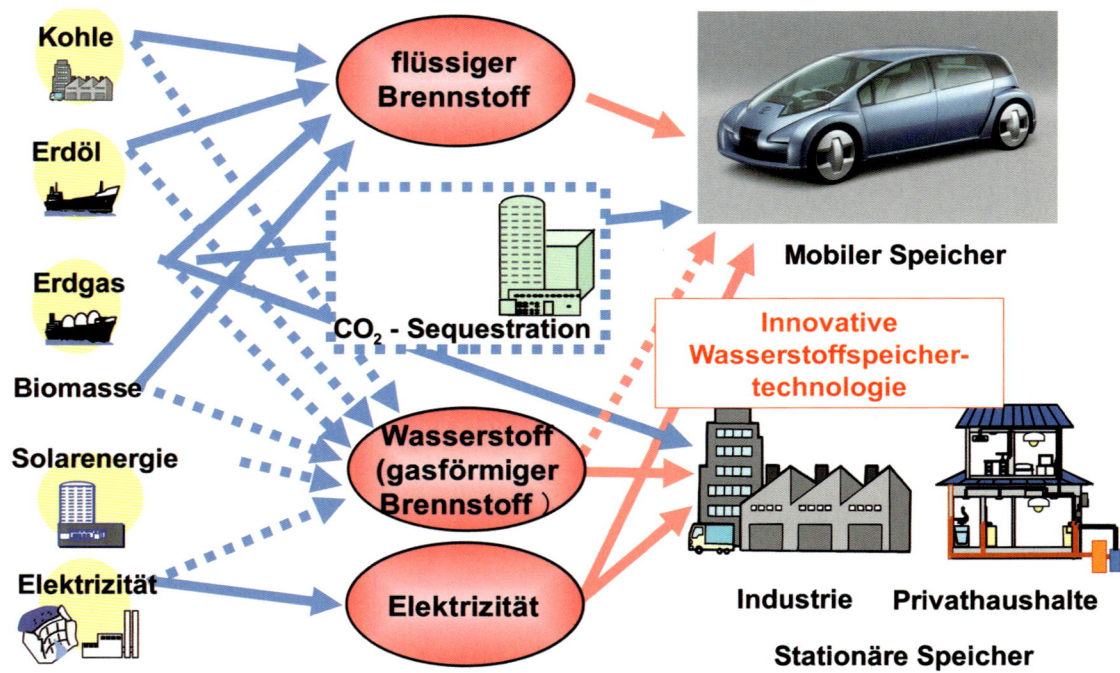

Ganz gleich, ob ein Verbrennungsmotor Benzin, Diesel, Ethanol, Biokraftstoff oder Erdgas nutzt – der Hybridantrieb ist in jedem Fall eine sinnvolle Ergänzung, um die im Kraftstoff gespeicherte chemische Energie so effizient wie möglich in Bewegungsenergie umzusetzen. Doch konventionelle Kraftstoffe haben einen gravierenden Nachteil: Erdöl als Ausgangsprodukt für Diesel und Benzin ist ganz unabhängig von den Folgen der Verbrennung für das Klima nur in begrenztem Umfang verfügbar. Biokraftstoffe können immer nur als regionale Lösung dienen, in Gegenden, wo sich die erforderliche Biomasse mit vertretbarem Einsatz von Ressourcen wie Maschinen und Dünger anbauen lässt.

Vor allem die begrenzten Vorkommen von Erdöl als wichtigstem Energielieferanten für Fahrzeuge bestimmen zwangsläufig den Bedarf an zusätzlichen Kraftstoffen für einen Zeitraum spätestens ab den Jahren zwischen 2040 und 2050. Als Ersatz für Brennstoffe auf fossiler Basis eignet sich vor allem Wasserstoff. Der Charme des Wasserstoffs als Kraftstoff resultiert einerseits aus seiner (theoretisch) unbegrenzten Verfügbarkeit sowie aus der rückstandslosen Verbrennung, die

aus dem Auspuff nur Luft und Wasserdampf entlässt. Wasserstoff ist das am weitesten verbreitete Element im Universum, er macht rund 75 Prozent der gesamten Masse und 93 Prozent aller Atome aus. Wasserstoff mit der chemischen Ordnungszahl 1 ist das leichteste Element, ein farbloses Gas. Die Abkürzung „H" stammt vom lateinischen „Hydrogenium", was soviel wie „Wassererzeuger" bedeutet. In ihrem 15 Millionen Grad heißen Kern verschmilzt die Sonne jede Sekunde rund 600 Millionen Tonnen Wasserstoff zu Helium. Diese Energiemenge reicht für 100 Milliarden Wasserstoffbomben oder die gesamte Stromerzeugung für die Menschheit in den nächsten 900.000 Jahren.

Allerdings erfordert die Gewinnung des Wasserstoffs, beispielsweise durch Elektrolyse, einen hohen Energieeinsatz. Auch bilden Transport und Lagerung von Wasserstoff in großem Maßstab noch technische Hürden, die bislang noch nicht überwunden sind. Folglich muss die Antriebstechnik den Wasserstoff mit einem sehr hohen Wirkungsgrad einsetzen. Das führt zwangsläufig zur Brennstoffzelle. Die Brennstoffzelle ist eine galvanische Zelle, die die chemische Reaktionsenergie ei-

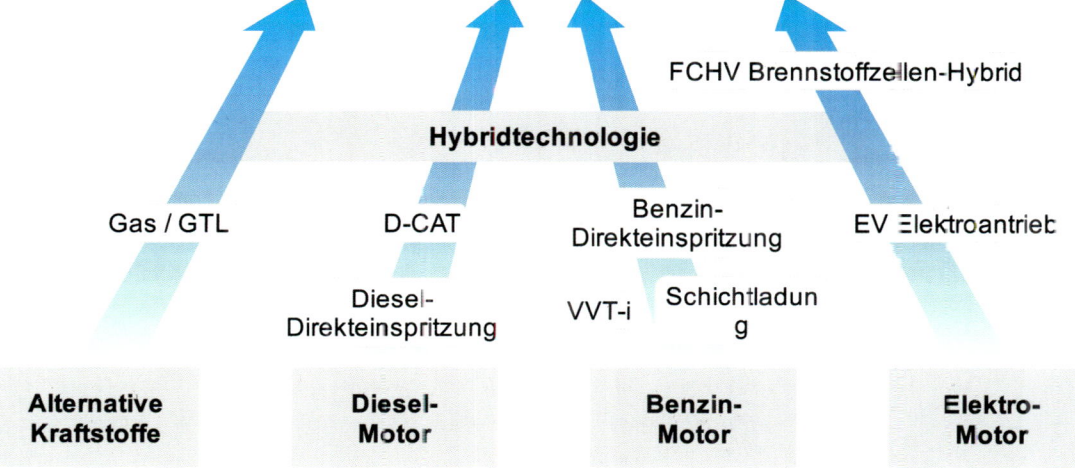

Die Dämmerung der Ölförderung ist angebrochen. Die
Energienutzer vom Auto über die privaten Haushalte bis
zur Industrie müssen sich auf einen intelligenten Mix un-
terschiedlichster Energieträger einstellen.

## Das ultimative ökologisch verträgliche Automobil

FCHV Brennstoffzellen-Hybrid

**Hybridtechnologie**

Gas / GTL    D-CAT    Benzin-Direkteinspritzung    EV Elektroantrieb

Diesel-Direkteinspritzung    VVT-i    Schichtladung

**Alternative Kraftstoffe**    **Diesel-Motor**    **Benzin-Motor**    **Elektro-Motor**

Wie Toyota sich die Zukunft des Hybrids vorstellt, präsentierte das Unternehmen in Form der Studie „Hybrid X" auf dem Genfer Automobilsalon 2007. Mit dem Hybrid X konkretisiert Toyota seine Vision vom umweltgerechten Auto der Zukunft. Er ist in vollem Umfang nach Toyotas Um-

weltstrategie einer nachhaltigen Mobilität für moderne Familien ausgerichtet. Der Hybrid X ist ein viertüriger Viersitzer mit einem offenen Raumkonzept. Seine Außenabmessungen entsprechen mit einer Länge von 4500 Millimetern, einem Radstand von 2800 Millimetern, einer

breite von 1850 und einer Höhe von 1440 Millimetern denen eines normalen Pkw der Mittelklasse. Im Innenraum des Hybrid X verwirklicht
Toyota neue Konzepte für Bedienung und Information. Platz sparende Sitze aus Formschaum-
stoff sorgen für Komfort und sparen zugleich Ge-

wicht. Die beiden separaten Rücksitze sind um
zwölf Grad drehbar und gestatten damit eine
weitere Form der menschlichen Interaktion:
Wahlweise können die Passagiere im Fond die
Landschaft genießen oder sich zum Gespräch gegenseitig zuwenden.

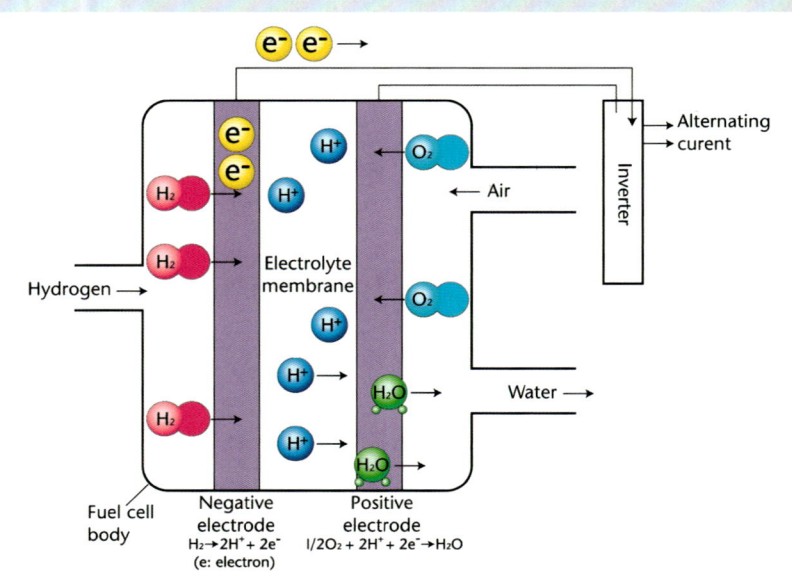

**Der schematische Aufbau einer Brennstoffzelle verdeulicht die Umwandlung von Wasserstoff und Sauerstoff zu Energie und Wasser.**

nes kontinuierlich zugeführten Brennstoffs und eines Oxidationsmittels in elektrische Energie umwandelt. Im Sprachgebrauch steht „Brennstoffzelle" in der Regel für die „Wasserstoff-Sauerstoff-Brennstoffzelle". Die Brennstoffzelle ist wie ein Verbrennungs- oder Elektromotor ein Energiewandler, kein Energiespeicher. Traditionell erfolgt die Gewinnung elektrischer Energie aus chemischen Energieträgern durch Verbrennung in Wärmekraftmaschinen. Über den Generator erfolgt die Erzeugung von Bewegungsenergie über den Umweg der thermischen Energieerzeugung. Die Brennstoffzelle ist in der Lage, die Umformung ohne Umweg zu erzielen, denn sie unterliegt nicht den Restriktionen des Carnot-Prozesses. Damit ist sie potenziell effizienter. Darüber hinaus ist eine Brennstoffzelle einfacher aufgebaut und vermag zuverlässiger und verschleißärmer zu arbeiten.

Das Prinzip der Brennstoffzelle entdeckte bereits 1838 Christian Friedrich von Schönbein (1799-1868). Der deutsch-schweizerische Chemiker, der unter anderem auch das Ozon (O3) und die Schießbaumwolle ent-

deckt hatte, stellte fest, als er zwei Platindrähte in Schwefelsäure mit Wasserstoff beziehungsweise Sauerstoff umspülte, dass sich zwischen den Drähten eine elektrische Spannung aufbaute. Die als „galvanische Gasbatterie" bezeichnete Erfindung geriet nach der Entdeckung des Dynamos durch Werner von Siemens (1816-1892) in Vergessenheit, weil die Erzeugung von Strom durch Dampfmaschine und Dynamo wesentlich einfacher und effektiver war. Die Rückbesinnung auf die Brennstoffzelle begann ab den 50er-Jahren des 20. Jahrhunderts mit der Weltraumforschung. Brennstoffzellen dienen bereits als Energiewandler in Unterseebooten und Raumfahrzeugen wie dem Space Shuttle.

Eine Brennstoffzelle besteht aus zwei Elektroden, die durch eine Membrane oder einen Elektrolyt – beide fungieren als Ionenleiter – getrennt sind. Die Anode umspült einen Brennstoff wie Wasserstoff. Der Wasserstoff oxidiert an der Anode katalytisch und wandelt sich unter Abgabe von Elektronen in Protonen um. Diese gelangen durch die Protonenaustauschmembran (PEM = Proton-Exchange-Membrane) in die Kammer

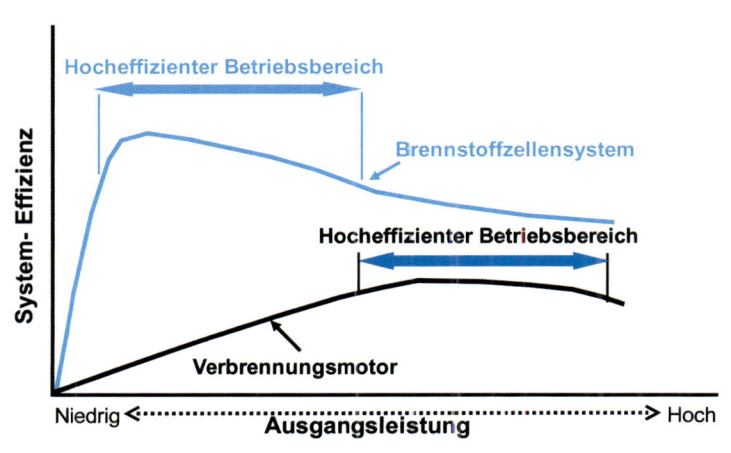

Im Hybridauto der Zukunft werden auch neue Techniken für Bedienung und Fahrzeuginformation zu finden sein.

Die Brennstoffzelle erreicht ihre höchste Effizienz in einem ganz anderen Betriebsbereich als der Ottomotor.

Auf dem Weg zu einer vollständigen Palette von Fahrzeugen mit Hybridantrieb beschäftigt sich Toyota auch mit einem Hochleistungssportwagen. Die Konzeptstudie FT-HS (Future Toyota Hybrid Sports) ist mit Frontmotor und klassischem Heckantrieb ausgelegt. Der Hybridantrieb kombiniert einen V6-Motor mit Elektroantrieb und Energiespeicher. Die Gesamtleistung des Antriebs liegt bei 400 PS. Damit beschleunigt der FT-HS aus dem Stand in weniger als fünf Sekunden auf Tempo 100. Mit diesem Leistungsangebot verdeutlicht Toyota, welches fahrdynamische Poten-

zial der Hybridantrieb besitzt. Die keilförmige Silhouette ist geprägt von freitragenden C-Säulen und dem Zusammenspiel von scharfen Kanten und fließenden Kurven. Schmale LED-Lichtbänder und tief ausgeschnittene Lufteinlässe umrahmen die scharf geschnittene Front. Im ganz auf den Fahrer zugeschnittenen Innenraum findet das schnörkellose Design seine konsequente Fortsetzung. Die funktionalen Sportsitze sind gewichtsoptimiert. Der FT-HS ist auf ein mittleres Preissegment bei den Sportwagen zugeschnitten und vereint Umweltbewusstsein und Fahrdynamik.

**Die Brennstoffzelle fällt für den Einsatz im Automobil unspektakulär aus. Noch kostet sie das Einhundertfache eines vergleichbaren Motors.**

**Prototypen mit Brennstoffzelle sind bei Toyota bereits einer ausgiebigen Testreihe unter Alltagsbedingungen unterzogen worden.**

mit der Kathode. Die Elektronen werden aus der Brennstoffzelle abgeleitet und fließen über einen elektrischen Verbraucher (Generator) zur Kathode, die ein Oxidationsmittel wie Sauerstoff umspült. Der Sauerstoff reduziert durch die Aufnahme der Elektronen zu Anionen und reagiert gleichzeitig mit den durch den Elektrolyt gewanderten Protonen zu Wasser.

Für den Einsatz der Brennstoffzelle in Fahrzeugen spricht der extrem hohe thermische Wirkungsgrad. Er erreicht mehr als 80 Prozent bereits bei Betriebstemperaturen von weniger als 2000 Kelvin (-73,5 Grad Celsius). Damit liegt der Wirkungsgrad der Brennstoffzelle, das heißt ihre Fähigkeit, die chemisch gebundene Energie in Bewegungsenergie umzusetzen, mehr als doppelt so hoch wie bei einem Verbrennungsmotor. Während für einen Benziner der technisch darstellbare maximale Wirkungsgrad bei rund 36 Prozent liegt, schafft der Diesel maximal unter 50 Prozent.

Da die Kennlinie der Brennstoffzelle bei sehr geringer wie hoher Last nur einen schlechten Wirkungsgrad aufweist, werden künftige Fahrzeuge mit einem Brennstoffzellen-Hybridantrieb arbeiten. Auf dem Weg dorthin sind jedoch noch gewaltige technische Hürden zu meistern. So erfordert die Gewinnung von Wasserstoff einen hohen Energieeinsatz. Ungelöst sind auch noch Probleme des Transports und der Lagerung von Wasserstoff. Dazu sind zum Beispiel hoher Druck bzw. tiefe Temperaturen erforderlich.

Versuchsfahrzeuge von Toyota mit Brennstoffzellenantrieb wie der FCHV, der FCHV 3 oder der FCHV 5 mit unterschiedlicher Speichertechnologie haben bereits bewiesen, dass der Alltagstauglichkeit der Brennstoffzelle in einem Automobil nichts entgegen steht. Die Fahrzeuge schaffen bereits eine Reichweite von rund 300 Kilometern und Geschwindigkeiten von mehr als 150 km/h. Bis die Produktionskosten jedoch einen Stand erreicht haben, der Serienfahrzeuge für den Kunden bezahlbar macht, wird noch viel Zeit vergehen. Derzeit kostet der Antrieb eines Fahrzeugs mit Brennstoffzelle etwa das Einhundertfache eines vergleichbaren Verbrennungsmotors. Auf das Gewicht umgesetzt kommt derzeit ein Gramm einer Brennstoffzelle auf den hundertfachen Preis eines Gramms Aluminium (rund 1 Cent). Damit bewegen sich die aktuellen Produktionskosten pro Gramm Gewicht für ein Brennstoffzellenauto auf dem Niveau eines Passagierjets...

Freilich ist die aktuelle Kostenrelation kein unlösbares Problem auf dem Weg zum Fahrzeug mit Brennstoffzelle. Wie bei allen neuen Technologien lassen sich die Kosten erster Prototypen und Funktionsträger durch nachhaltige Forschung und Entwicklung um rund einen Faktor 10 senken. Die gleiche Senkung ermöglicht schließlich eine Fertigung in Großserie. Wie beim Hybridantrieb wird Toyota auch für das Brennstoffzellenfahrzeug alle relevanten Komponenten selbst entwickeln. Da für den Einsatz der Brennstoffzelle als Antriebsquelle in einem Fahrzeug die Komponenten des

Hybridantriebs Voraussetzung sind, zieht Toyota aus deren Entwicklung für den Einsatz mit der Brennstoffzelle weiteren Nutzen.

Für Toyota sieht die Planung eine erste Kleinstserie von Brennstoffzellenautos ab dem Jahr 2015 vor. Analog zur Entwicklung des Hybridantriebs soll der nächste Schritt zur Marktakzeptanz und Großserienfertigung in einem Zeitraum von weiteren zehn Jahren erreicht werden. Mit dem verstärkten Auftreten von Fahrzeugen mit Brennstoffzelle rechnet Toyota ab 2025. Andere Hersteller wie BMW, Volkswagen, Ford, Honda, DaimlerChrysler und General Motors forschen wie Toyota bereits seit mehr als 20 Jahren an Antrieben, die eine Brennstoffzelle als Energiewandler und Wasserstoff als Treibstoff nutzen. Die zahlreichen ungelösten Probleme dieser Technologie machen eine Prognose für ihren flächendeckenden Einsatz als echte Alternative zum Verbrennungsmotor schwierig. Sicher sind nur zwei Faktoren: Das Brennstoffzellenauto der Zukunft wird ein Hybridfahrzeug sein und die Zeit für seine Einführung auf breiter Ebene, das verdeutlicht der Klimawandel, drängt.

**Der Audi duo auf Basis des A4 Avant war 1997 das erste in Serie gebaute europäische Auto mit Hybridantrieb.**

# Hybrid und der Rest der Welt

Audi begründete seine technische Avantgarde unter dem Motto „Vorsprung durch Technik" mit dem Urquattro von 1981.

## Audi: Europas Hybridpionier

Dass Audi der erste und bislang einzige europäische Automobilhersteller ist, der ein Hybridauto in Serie baute, kann eigentlich nicht verwundern. Das Unternehmen, das mit seinem Motto „Vorsprung durch Technik" eine innovative Avantgarde beansprucht, hat es in den letzten 25 Jahren mehr als einmal verstanden, wegweisende technische Neuerungen im Automobilbau zu lancieren. Beispielsweise den Allradantrieb „quattro" (1980), verzinkte Karosserie (Audi 100, 1982), Direkteinspritzer Diesel (Audi 100 TDI 1990) oder die Aluminiumkarosse „Space Frame" für eine Großserienlimousine von 1994 (Audi A8).

Der 1997 präsentierte Audi duo auf Basis des A4 Avant war als Parallel-Hybrid konzipiert. Er verfügte über einen Antrieb, der einen 1,9-Liter-Dieseldirekteinspritzer mit 90 PS und einen Elektromotor mit einer Nennleistung von 21 kW (29 PS) kombinierte. Der 20 Kilo schwere Elektromotor erreichte seine Nennleistung bei 10.000/min und lieferte ein maximales Drehmoment von 60 Newtonmetern. Der 17 Kilo schwere Wechselrich-

ter arbeitete mit einer Eingangsspannung von 110 bis 350 Volt. Der Antrieb erfolgte über die Vorderräder. Die rund 320 Kilo schwere Blei-Gel-Batterie aus 22 Modulen im Heck speicherte die elektrische Energie von rund 10 Kilowattstunden. Die Komponenten des elektrischen Antriebs für den Audi duo lieferte Siemens als technischer Kooperationspartner. Der Antrieb verfügte zudem über eine „Plug-in"-Funktion, mit der sich die Batterie per Kabel an jedem Haushaltsanschluss laden ließ.

Für die Kraftübertragung beim Audi duo sorgte ein Fünfgangschaltgetriebe mit einer automatischen Kupplung. Das heißt, der duo hatte kein Kupplungspedal. Der Gang wurde per Hand mit dem Schalthebel gewählt. Dabei erfasste die Sensorik die Schaltabsicht des Fahrers, setzte sie in ein Signal für die Hydraulik um und sorgte damit für das automatische Öffnen und Schließen der Kupplung. Die drei Betriebsmodi Hybridantrieb, reiner Elektroantrieb und ausschließlicher Dieselantrieb ließen sich über einen Betriebsartenschalter vorwählen. Nach einem Startvorgang schaltete die Steuerung automatisch auf die Betriebsart Hybrid.

Der Audi duo bot in jeder Hinsicht alltagstaugliche Fahrleistungen. Er beschleunigte aus dem Stand in 15 Sekunden auf Tempo 100 und erreichte eine Höchstgeschwindigkeit von 170 km/h. Eine Ladung der Batterie ermöglichte eine reine Elektrofahrt von 50 Kilometern bei konstant 50 km/h. Das entsprach 36 Kilometer Stadtfahrt nach ECE-Norm. Bei der Vorstellung des duo lieferte Audi auch eine „praxisgerechte Modellrechnung der Kraftstoffkosten". Danach beliefen sich diese im innerstädtischen Betrieb mit Elektroantrieb auf 5,30 Mark, mit Dieselantrieb dagegen auf 10,30 Mark.

Am 10. April 1997 begann in Erlangen ein auf drei Jahre ausgelegter Flottenversuch mit sieben Fahrzeugen. Später folgte ein im Rahmen der EU geförderter Flottenversuch „ELDICS" (Electric Vehicle City Distribution Systems) mit internationaler Zusammenarbeit. Die erste Generation des Audi duo hatten die Ingolstädter bereits 1989 vorgestellt. Das Experimentalfahrzeug auf Basis des Audi 100 Avant verfügte über einen 12,6 PS starken Elektromotor, der statt der Kardanwelle für den Antrieb an die Hinterräder sorgte. Als Energiespei-

cher diente eine Nickel-Cadmium-Batterie. Als Verbrennungsmotor kam ein Fünfzylinder mit 2,3 Litern
Hubraum und 136 PS zum Einsatz. Das zweite Fahrzeug von 1991 entstand ebenfalls auf Basis des Audi
100 quattro. Bei diesem duo leistete der Elektromotor
28,6 PS.

Schon am Beginn der Entwicklung des Hybridantriebs
war für Audi klar, dass umweltverträgliche Antriebskonzepte nur dann eine breite Akzeptanz erlangen
können, wenn sie die uneingeschränkte Mobilität sicher stellen können. Zum Start des Flottenversuchs in
Erlangen erklärte Dr. Jürgen Petersen, damals Leiter
Produkt, Umwelt und Verkehr der Audi AG: „Es gibt in
naher Zukunft keine Alternative zum Verbrennungsmotor. So sieht es Audi als sinnvoll an, den Verbrennungsmotor mit einem Elektroantrieb zu kombinieren, um einerseits innerhalb der Städte oder in dichter
besiedelten Gebieten emissionsfrei fahren zu können,
andererseits aber auch die Mobilität über lange Strecken zu gewährleisten."

Europas erstes und bislang einziges Hybridauto stand
mit einem Preis von 60.000 Mark in den offiziellen
Preislisten von Audi. Damit lag der duo mehr als ein
Drittel über dem Preis eines konventionellen Audi A4
1.9 TDI und bestätigte durch die kaum vorhandene
Nachfrage die These, dass in der Öffentlichkeit zwar
ein großes Interesse an umweltfreundlicher Technik
besteht, die Bereitschaft freilich, dafür auch mehr Geld
zu bezahlen, nicht vorhanden ist. „Trotz des mangeln-
den kommerziellen Erfolges des Audi duo ist der Hybridantrieb bei Audi in all den Jahren ein Thema geblieben", erklärt Marius Lehna, verantwortlich bei Audi
für die Entwicklung aller alternativen Antriebe. „Wir
haben den Hybrid weiter bis zur Serienreife entwickelt." Für Marius Lehna ist der Hybridantrieb „eine
reizvolle Technologie für die Kraftstoffeinsparung. Wir
sehen in den USA einen Markt, der sich gegenwärtig
aus einem zarten Pflänzchen zu wachsender Kunden-
nachfrage entwickelt." Dabei gibt sich auch der Audi-
Entwickler keiner Illusion hin, dass sich diese Nachfrage weniger aus einem wachsenden Umweltbewusst-

Marius Lehna ist bei
Audi für die Entwick-
lung alternativer An-
triebe verantwortlich.

sein der amerikanischen Bevölkerung nährt, als vielmehr aus den rasch steigenden Kraftstoffpreisen.

Dieser Umstand, aber auch die Themen Kohlendioxid
und begrenzte Ressourcen haben für Schwung in der
Hybridentwicklung von Audi gesorgt. Um Synergien
zu nutzen, ist Audi federführend in der Entwicklung
der Grundlagentechnik für den gesamten Volkswagen-
konzern. Auch pflegen die Ingolstädter eine enge Zusammenarbeit mit Porsche. Die ersten Erfolge seiner
jüngsten Hybridforschung präsentierte Audi 2005 auf
der Internationalen Automobilausstellung in Frankfurt
in Gestalt des Audi Q7 hybrid. Die Konzeptstudie verfügt über einen V8-Benzinmotor mit 4,2 Litern Hubraum und Benzindirekteinspritzung, der 257 kW (350
PS) bei 6800/min leistet und bei 3500/min sein maximales Drehmoment von 440 Newtonmetern liefert.
Gegenüber dem konventionellen Einsatz sind beim Q7
hybrid die Nebenaggregate Klimakompressor und
Pumpe der Servolenkung elektrisch angetrieben, um
die Funktionsfähigkeit auch bei reinem Elektroantrieb
zu gewährleisten.

Den 32 kW (43 PS) starken Elektromotor integrierten
die Entwickler zwischen dem V8 und dem Wandler
des Automatikgetriebes. Der Motor mit einem maximalen Drehmoment von 200 Newtonmetern ist mit
dem V8 über eine Trennkupplung verbunden, die es

Audi stellte zur IAA 2005 den
Q7 in einer Variante mit Hybridantrieb vor.

möglich macht, entweder einen von beiden Motoren oder beide gleichzeitig für optimalen Vortrieb zu nutzen. Die Raumökonomie des gesamten Antriebs erfordert keinerlei Abstriche an der Fahrgastzelle des Basisfahrzeugs.

Die Batterie ist im Heck unterhalb des Ladebodens untergebracht. Dort befindet sich auch der Spannungswandler, der das Bordnetz versorgt. Die Nickel-Metallhydridbatterie wiegt 140 Kilo, was weniger als sieben Prozent des Fahrzeuggewichts entspricht.

Für die Koordination der beiden Aggregate und ihres optimalen Einsatzes ist eine komplexe Steuerelektronik zuständig. Diese Elektronik entscheidet dabei selbständig über die Interaktion der Antriebskomponenten und setzt den Wunsch des Fahrers stets in eine Balance aus Sportlichkeit und Effizienz um. Bis Geschwindigkeiten von 30 km/h, also besonders häufig im Stadtverkehr, kann der Elektromotor alleine für Vortrieb sorgen. Die Ladekapazität der Batterie ermöglicht einen reinen Betrieb im Elektromodus über eine Strecke von rund zwei Kilometern.

Will der Fahrer während eines Beschleunigungsvorgangs besonders zügig Geschwindigkeit aufnehmen, schaltet die Steuerung den Elektromotor zu. Dessen zusätzlicher Schub mit einem Drehmoment von 200 Newtonmetern steht – anders als beim Verbrennungsmotor – unmittelbar zum Anfahren zur Verfügung. Dies eröffnet in der Praxis eine neue Dimension der Beschleunigung. Gegenüber dem serienmäßigen Q7 4.2, der aus dem Stand auf Tempo 100 7,4 Sekunden benötigt, schafft der Q7 hybrid die gleiche Übung in 6,8 Sekunden. Natürlich verfügt der Audi Hybrid auch über ein regeneratives Bremssystem. Der Q7 hybrid benötigt 13 Prozent weniger Kraftstoff als das Serienpendant. Vor allem bei der Verbrauchsangabe für den Stadtzyklus fällt der Unterschied gravierend aus. Beträgt sie für den Q7 4.2 19,5 Liter auf 100 Kilometer, reduziert sich dieser Welt beim Q7 hybrid auf 12,0 Liter pro 100 Kilometer.

Neben der gemeinsamen Entwicklungsarbeit mit Volkswagen und Porsche arbeitet Audi auch im Bereich

**Peugeot stellte 1941 den VLV als erstes Auto mit reinem Elektroantrieb vor. Der (V.E.R.T. 1) auf Basis des 405 Break war 1991 das erste Hybridauto der Franzosen.**

einzelner Komponenten wie der Batterie mit anderen Herstellern zusammen. Dies dient vor allem der Kostenreduzierung. „Der Erfolg der Hybridentwicklung", so Marius Lehna, „ist nicht zuletzt mit der wirkungsvollen Senkung der Kosten verbunden." Auf einen Zeitpunkt, wann die Kunden die ersten Fahrzeuge mit Hybridantrieb aus den Häusern Audi, Volkswagen und Porsche bestellen können, mochte sich der Audi-Mann zum Zeitpunkt des Gesprächs noch nicht festlegen lassen. Realistisch scheint der Zeitraum zwischen 2008 und 2009.

## Peugeot (PSA): Tradition bei alternativen Antrieben

Peugeot gehört zu den Pionieren des Automobilbaus. Bereits 1889 stellte Armand Peugeot sein erstes Auto auf die Räder. Entsprechend lang ist bei Peugeot die Tradition von Fahrzeugen mit alternativen Antrieben. 1941, während der deutschen Besatzungszeit in Frankreich, stellte Peugeot mit dem VLV ein Fahrzeug mit Elektroantrieb vor. Der VLV verfügte über einen reinen Elektroantrieb, der den Kleinwagen mit einer Höchstgeschwindigkeit von 30 km/h 70 bis 80 Kilometer weit vorantreiben konnte. Nach einer Kleinserienproduktion von 377 Exemplaren stellte Peugeot 1945 die Produktion des VLV wieder ein.

Mit dem Einbau kleiner Dieselmotoren in Fahrzeuge der Kompaktklasse ab 1967 stößt Peugeot einen wichtigen Trend an, der in Europa zum Durchbruch des Diesels als verbrauchsarmes Motorenkonzept führt. Mit

dem Projekt „V.E.R." reagiert Peugeot ab Ende der Siebziger auf die Ölkrise, um besonders verbrauchsgünstige Fahrzeuge zu konstruieren. Dazu gehörten modifizierte Serienfahrzeuge mit verringertem Gewicht, verbesserter Aerodynamik und veränderter Getriebeübersetzung, um Kraftstoff zu sparen.

Der 1984 vorgestellte 205 Électrique stand ein Jahr später auf der IAA in Frankfurt und ging ab 1987 in eine praxisnahe Versuchsreihe. Er verfügte über eine 300 Kilo schwere Eisen-Nickel-Batterie. Mit einer Reichweite von bis zu 200 Kilometern und einer Höchstgeschwindigkeit von 100 km/h wurde der Kleinwagen zu einem der ersten voll alltagstauglichen Elektroautos, zumal die Batterien über eine Lebensdauer von rund 250.000 Kilometern verfügten.

Die ersten Versuche mit einem Hybridantrieb bei Peugeot führten 1991 zum 405 Break (V.E.R.T. 1). Zwei Elektromotoren besorgten den Antrieb für die Hinterräder. Die Energie erzeugte ein dieselelektrisches Stromaggregat für den Langstreckenbetrieb, im Stadtverkehr stellten Batterien die Antriebsenergie bereit. Das Nachfolgemodell V.E.R.T. 2 auf Basis eines 406 Break brachte es auf eine Höchstgeschwindigkeit von 130 km/h und schaffte mit reinem Elektroantrieb eine Reichweite von 50 Kilometern.

Nach weiteren Konzepten wie dem Elektro-Kleinwagen Tulip (1991) und dem 1994 vorgestellten „ION", startete Peugeot mit dem 106 Electric die Serienproduktion für ein Fahrzeug mit reinem Elektroantrieb. Das nur in Frankreich als Viersitzer oder zweisitziger Leiferwagen

**Der Peugeot 106 Electric ging mit reinem Elektroantrieb in Serie (links).**
**Der 307 Hybrid HDi von 2006 ist ein Parallel-Hybrid mit Dieselmotor.**

verfügbare Modell lässt sich über eine normale Haushaltssteckdose aufladen und kommt mit maximal 90 km/h Spitzentempo 65 bis 85 Kilometer weit.

Auch heute nimmt Peugeot für sich in Anspruch „in Sachen alternative Antriebe immer noch zu den innovativsten Automarken zu zählen". Im Mittelpunkt der aktuellen Entwicklungen steht der Hybridantrieb. Im Gegensatz zu Toyota, wo die Verantwortlichen dem Ottomotor als Verbrennungskonzept den Vorzug aus Gründen des Gewichts, der Fertigungskosten und der Abgasreinigung geben, setzt der PSA Konzern (Peugeot/Citroën) auf den Diesel, was er programmatisch formuliert: „Die wirtschaftlich wenig wettbewerbsfähige Technologie des Hybrid-Benziners kann den HDi-Diesel hinsichtlich des Verbrauchs und der $CO_2$-Emissionen nicht entscheidend übertrumpfen."

Diese Überzeugung gründet sich für das Unternehmen auf folgende greifbare Erkenntnis: „Der Dieselmotor hat einen entscheidenden Vorteil, um den Ver-

brauch und die $CO_2$-Emissionen in den Griff zu bekommen – er sorgt gegenüber einem Benzinmotor für eine Verbrauchsminderung um 25 Prozent." Für den $CO_2$-Ausstoß bedeutet das nicht die gleiche Verringerung, sondern nur eine Reduktion um 12,5 Prozent, wegen der größeren Dichte des Dieselkraftstoffs.

Ein weiterer Kernsatz, der über der Strategie von Peugeot steht, lautet: „Eine verantwortungsbewusste Umweltpolitik wird nur durch den Einsatz von Technologien in hohen Stückzahlen erreicht." PSA weist darauf hin, in den letzten vier Jahren europaweit 1.100.000 Fahrzeuge verkauft zu haben, deren Emission weniger als 120 Gramm $CO_2$ auf 100 Kilometern betragen.

Im Fall des 307 CC Hybrid HDi, den Peugeot 2006 vorstellte, entschieden sich die Entwickler für einen Parallel-Hybrid. Diese Entscheidung basierte auf der Aggregate- und Plattformpolitik des Konzerns, die die maximale Verwendung von vorhandenen Bauteilen vorsieht, insbesondere bei Motoren und Getrieben. Zu-

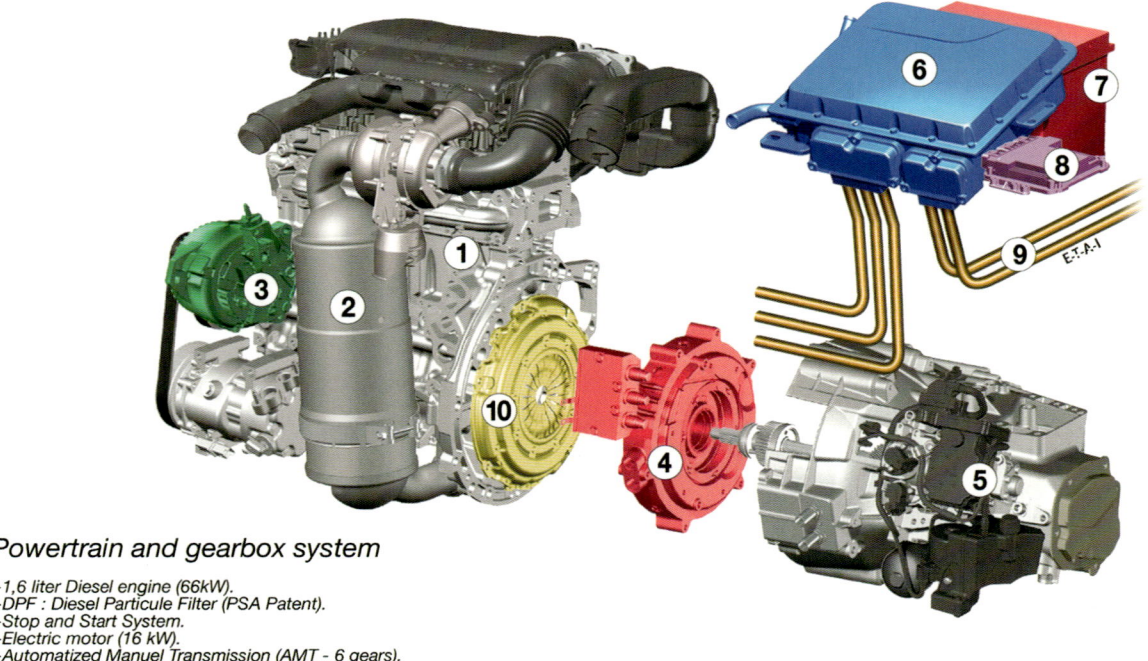

## Powertrain and gearbox system

1-1,6 liter Diesel engine (66kW).
2-DPF : Diesel Particule Filter (PSA Patent).
3-Stop and Start System.
4-Electric motor (16 kW).
5-Automatized Manuel Transmission (AMT - 6 gears).
6-Power electronics (Inverter and Converter).
  Inverter : drives the electric motor.
  Converter : converts high-voltage to 12 V onboard network.
7-Low-voltage battery (12V).
8-PTMU : PowerTrain Management Unit.
9-High-voltage cables.
10-Dry clutch.

**Der Aufbau des Hybridantriebs von Peugeot in der schematischen Darstellung.**

dem sah das Lastenheft einen Verbrauch von weniger als 3,5 Litern Diesel auf 100 Kilometer vor. Beim Verbrennungsmotor für den Hybrid fiel die Wahl auf den 1,6-Liter-HDi. Der quer eingebaute Vierzylinder leistet 66 kW (90 PS) bei 4000/min und liefert ab 1750/min sein maximales Drehmoment von 215 Newtonmetern. Er arbeitet mit einer Common-Rail-Einspritzung und ist mit einem Start-Stopp-System der neuesten Generation kombiniert. Ein Partikelfiltersystem hilft die Normen der Euro IV deutlich zu unterbieten. Der Elektromotor ist ein permanent erregter Drehstrom-Synchronmotor, der eine Dauerleistung von 16 kW (22 PS) und 80 Newtonmetern sowie eine Spitzenleistung von 23 kW (32 PS) mit einem maximalen Drehmoment von 130 Newtonmetern liefert. In Verbindung mit dem Wechselrichter arbeitet er in einem Spannungsbereich zwischen 210 und 380 Volt.

Die Nickel-Metallhydridbatterie besteht aus 240 Elementen und ist im hinteren Bereich der Plattform anstelle des Ersatzrades untergebracht, so dass das Ge-

päckraumvolumen unverändert bleibt. Die Batterie liefert bei einer Netzspannung von 288 Volt und einer Kapazität von 6,5 Ah eine Leistung von 23 kW (31 PS). Im reinen Elektrobetrieb kann der 307 CC HDi Hybrid eine Entfernung von fünf Kilometern zurücklegen.

Zur Kraftübertragung verwendet Peugeot ein automatisiertes Sechsgangschaltgetriebe ohne Kupplungspedal. Der 307 CC HDi beschleunigt aus dem Stand auf Tempo 100 in 12,4 Sekunden und erreicht eine Höchstgeschwindigkeit von 181 km/h. Sein Verbrauch liegt bei 3,4 Litern Diesel auf 100 Kilometer, was einen $CO_2$-Ausstoß von 90 Gramm pro Kilometer ergibt. Im reinen Stadtzyklus liegt der Verbrauch bei drei Litern auf 100 Kilometer.

Eine der Funktionen des Hybridantriebs ist die Möglichkeit der Rückgewinnung von kinetischer Energie. Wenn der Fahrer das Gaspedal bei einer Geschwindigkeit von weniger als 60 km/h loslässt, wird der Verbrennungsmotor abgestellt und vom Antriebsstrang

Honda Präsident Takeo Fukui ist der Überzeugung, dass „die Hybridtechnologie in kleinen, erschwinglichen Fahrzeugen die meisten Vorteile für die Kunden und die Umwelt bietet."

Honda revolutionierte 1964 die Formel 1 mit einem V12-Motor, der bei einem Hubraum von 1,5 Litern eine Höchstdrehzahl von 12.000/min erreichte.

getrennt. Der Elektromotor sorgt dann für die Motorbremswirkung und gewinnt die kinetische Energie zurück, um sie in der Batterie zu speichern. Wenn der Fahrer bremst, sorgt die Steuerung für die Verteilung des Bremsvorgangs in elektrisches Bremsen mit Energierückgewinnung und hydraulisches Bremsen, wobei die Sicherheitsfunktionen Vorrang haben und die Rückgewinnung der Energie zugunsten der Verbrauchsminderung optimiert wird.

Die Anstrengungen von PSA in der Entwicklung des Hybridantriebs richten sich momentan parallel auf die Entwicklung des technischen Know-how und der Suche nach einem Fahrzeugpreis, der für den Kunden akzeptabel ist. Vor diesem Hintergrund ist der Konzern bestrebt, die ersten HDi-Hybridfahrzeuge zu Beginn des nächsten Jahrzehnts auf den Markt zu bringen.

## Honda: Klimaschutz als oberste Priorität

Am Anfang von Honda stand Toyota. 1948 verkaufte Soichiro Honda (1906-1991) seine „Tokai Seiki Heavy Industries", einen Zulieferbetrieb, der Kolbenringe fer-

tigte, für 450.000 Yen an die Toyota Motor Company. Mit diesem Startkapital gründete der damals 42-Jährige sein neues Unternehmen, die Honda Motor Company, die heute mit einer Jahresproduktion von 22 Millionen Motoren der größte Motorenhersteller der Welt ist. Honda entwickelte und fertigte legendäre Motoren für Zweiräder und Autos, die in punkto Leistung und technischer Innovation Meilensteine setzten. 1964 sorgte Honda mit einem 1,5-Liter-V12 in der Formel 1 für Furore, der 12.000/min drehte und 1965 durch Richie Ginther (1930-1989) den ersten japanischen Sieg beim Großen Preis von Mexiko in der Königsklasse des Motorsports holte. 1972 stellte Honda im Civic den ersten abgasoptimierten Motor mit Schichtladung vor, der 1973 in Serie ging.

1999 betrat Honda die Hybrid-Bühne, freilich mit einem Konzept, das sich wesentlich von dem Toyotas unterschied. Statt wie Toyota auf den Vollhybrid, setzt Honda auf den Mild Hybrid, bei dem der Elektromotor nicht die alleinige Antriebsleistung übernehmen kann. Das Honda Hybridsystem nennt sich „Integrated Motor Assist" (IMA) und zeichnet sich durch seine kompakte Bauweise sowie seine vielfältige Einsatzmöglichkeit aus. IMA lässt sich in vorhandene Modelle und

Plattformen integrieren und erfüllt so vor allem den Anspruch einer kostengünstigen Lösung, die die Kunden akzeptieren.

„Der Klimaschutz hat für uns oberste Priorität", erklärte 2006 Yasuhisa Maekawa, Honda Vizepräsident für Europa, in einem Interview und fügte hinzu: „Ganz sicher steht die Automobilindustrie vor einer der größten Herausforderung ihrer Geschichte." Die Hybrid-Strategie von Honda umriss Präsident Takeo Fukui anlässlich des Genfer Automobilsalons 2007: „Aufgrund unserer langjährigen Erfahrung sind wir der Ansicht, dass die Hybridtechnologie in kleinen, erschwinglichen Fahrzeugen die meisten Vorteile für die Kunden und die Umwelt bietet. Diese Überzeugung brachten wir letztes Jahr in der Ankündigung zum Ausdruck, dass Honda 2009 mit einem brandneuen Hybridfahrzeug auf den Markt kommen wird. Und wir haben uns ein Verkaufsziel von 200.000 Fahrzeugen weltweit gesetzt."

Mit einem kleinen Fahrzeug im wahrsten Sinn des Wortes wagte Honda 1999 den Einstieg in den Hybridmarkt. Zuerst nur in den USA, denn angesichts des zweisitzigen, tropfenförmigen Autos, dessen Design

seinen experimentellen Charakter offensichtlich mit Absicht unterstreichen sollte, verließ die Verantwortlichen der Mut, den Insight auch auf anderen Märkten zu vertreiben. Nicht zuletzt weil zum Zeitpunkt des Erscheinens des Insight der öffentliche Druck durch Klimadiskussion und Kraftstoffpreise noch keine entsprechende Nachfrage generieren konnte. Sechs Jahre und etliche tausend Insight später hat sich diese Sicht der Dinge geändert. In Amerika genießt der Honda mit einem Verbrauch von 3,4 Litern auf 100 Kilometern und einem $CO_2$-Autstoß von 80 Gramm pro Kilometer Kultstatus. Nicht zuletzt für eine Ansammlung von Technik, die zum Feinsten zählt, was käuflich in einem Auto zu erwerben ist.

Der Benzinmotor war bei seiner Vorstellung 1999 das leichteste Aggregat in der Einliter-Klasse weltweit. Der Dreizylinder mit 995 cm³ Hubraum ist komplett aus Leichtmetall gefertigt. Er leistet 57 kW (78 PS) bei 5800/min. Das maximale Drehmoment von 127 Newtonmetern steht bei 2000/min bereit. Um die Verbrennung konsequent auf geringen Kraftstoffverbrauch abzustimmen, entschieden sich die Ingenieure für den Magermixbetrieb. Die durch den hohen Luftüberschuss anfallenden Stickoxide wandelt ein $NO_x$-Kata-

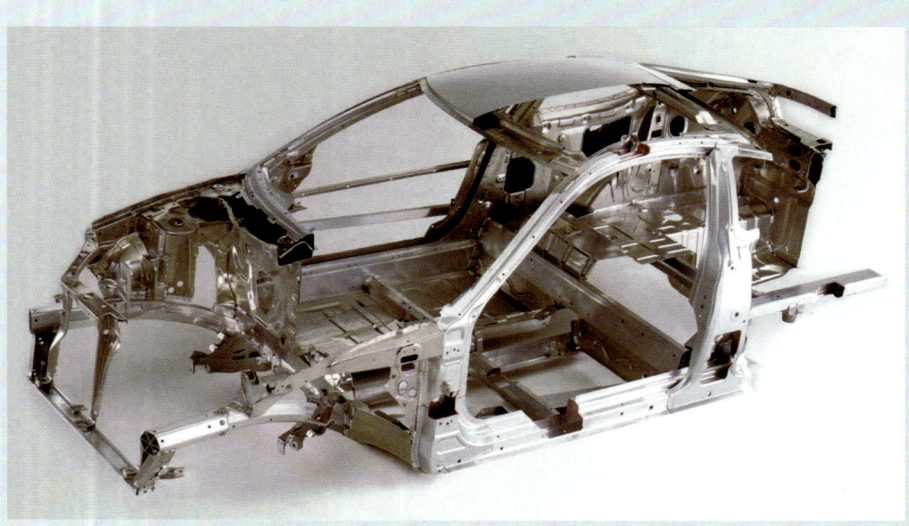

Chassis und Karosserie des Insight bestehen aus Leichtmetall. Das bedeutet 40 Prozent Gewichtsersparnis gegenüber einer Konstruktion aus Stahl.

Nicht zuletzt die futuristischen Instrumente bescherten dem Honda Insight in Amerika Kultstatus.

**Der Generator des Honda Insight weist eine Bautiefe von nur sechs Zentimetern auf.**

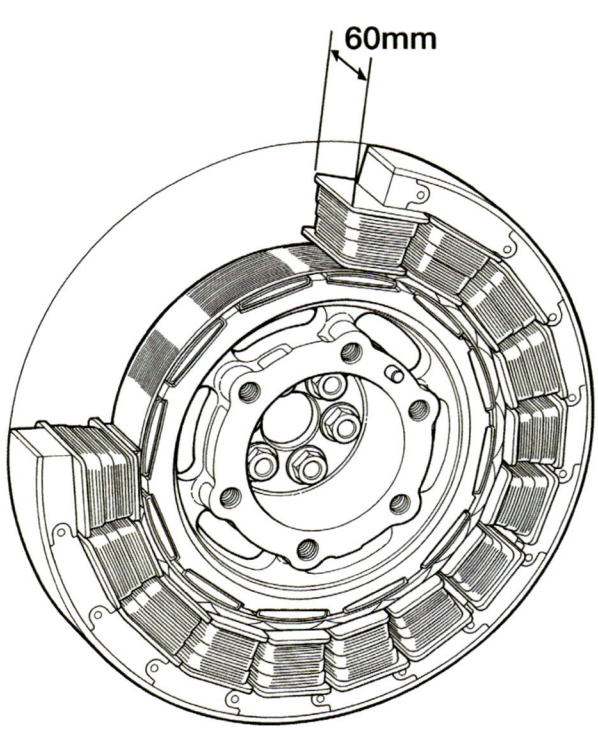

60mm

lysator um. Der zwischen Verbrennungsmotor und Kraftübertragung integrierte Elektromotor baut mit rund sechs Zentimetern extrem schmal und leistet 10 kW (13,6 PS). Für die Kraftübertragung auf die Vorderräder sorgt ein Fünfgangschaltgetriebe oder wahlweise eine Automatik.

Für Karosserie und Chassis griffen die Entwickler auf Hondas langjährige Erfahrung mit Leichtmetall zurück. Bereits 1989 hatte der hochkarätige Mittelmotorsportwagen NSX als erstes Serienfahrzeug debütiert, das komplett aus Leichtmetall gefertigt war; 25 Exemplare dieses Topmodells wurden pro Tag hergestellt.

Die Karosserie des Insight aus gepressten, gestanzten und gegossenen Leichtmetall-Komponenten reduzierte das Gewicht im Vergleich zu einer entsprechenden Konstruktion aus Stahl um 40 Prozent. Somit konnte ein Fahrzeuggewicht von 835 Kilo erreicht werden.

Eine bis in Details wie abgedeckte Hinterräder ausgefeilte Aerodynamik erbrachten einen Luftwiderstandsbeiwert (Cw-Wert) von 0,25, was derzeit von keinem anderen Serienfahrzeug übertroffen wird. Dieses Paket verleiht dem Insight trotz seines geringen Kraftstoffverbrauchs hohe dynamische Qualitäten. Er sprintet in zwölf Sekunden aus dem Stand auf Tempo 100 und erreicht eine Höchstgeschwindigkeit von 180 km/h. Im US-amerikanischen Stadtverkehr vermittelt der Insight mehr denn je seinen Charme mit einem Verbrauch von einer Gallone Benzin auf 100 Kilometern.

Mit dem zweiten Hybridmodell schaffte Honda den Sprung auf den europäischen Markt – am Anfang noch sehr behutsam. Vom ersten Civic Hybrid fanden ab 2004 nur 394 Exemplare einen deutschen Kunden. Der Nachfolger, der seit 2006 verfügbar ist, realisiert Absatzzahlen von 1000 Stück pro Jahr. Das liegt nicht allein in einer konservativen Vermarktungsstrategie begründet, sondern wird durch die hohe Nachfrage vor allem in den USA limitiert. Ein typischer Händler wie „Carson-Honda" im Großraum Los Angeles, der rund 3000 Neuwagen im Jahr vertreibt, kann die Nachfrage nach den Hybridmodellen, zu denen sich 2006 für den amerikanischen Markt auch noch der Accord gesellte, nicht befriedigen. General Manager Bill Vazac „Wir verkaufen pro Monat 15 bis 20 Hybridmodelle. Es könnten doppelt so viele sein, wenn wir sie hätten."

Der Civic Hybrid basiert auf dem Vorgängermodell der aktuellen Civic Limousine. Die 4,55 Meter lange Limousine der Kompaktklasse weist das klassenübliche Platzangebot und einen Gepäckraum mit 350 Litern Ladevolumen auf. Der Antrieb ist nach dem IMA-Konzept aufgebaut, also ein Mild Hybrid, bei dem der Elektromotor den Ottomotor bei der Antriebsleistung nur unterstützt. Der Verbrennungsmotor ist ein Vierzylinder

MIT DEM CIVIC BEGANN HONDA SEINE HYBRIDOFFENSIVE AUCH AUF DEM EUROPÄISCHEN MARKT

**Der schmal bauende Generator ist auch bei den Modellen Civic und Accord ein prägendes Merkmal des Hybridantriebs.**

aus Leichtmetall mit einem Hubraum von 1339 cm³. Er leistet 70 kW (95 PS) bei 6000/min. Bei 4300/min steht das maximale Drehmoment von 123 Newtonmetern zur Verfügung. Der permanent erregte Drehstrom-Synchronmotor leistet 15 kW (20 PS) bei 2000/min und liefert sein maximales Drehmoment von 103 Newtonmetern zwischen 0 und 1160/min. Der zwischen Ottomotor und stufenloser CVT-Kraftübertragung integrierte Elektromotor weist eine Baubreite von lediglich 65 Millimetern auf. Hinter der Rücksitzlehne befindet sich die Nickel-Metallhydridbatterie, die mit einer Spannung von 158 Volt und einer Leistung von 5,5 Ah arbeitet.

Beim Mild Hybrid addieren sich für die Systemleistung die Leistungen von Verbrennungs- und Elektromotor. Somit stehen 85 kW (115 PS) zur Verfügung, was dem Leistungsangebot des konventionellen 1,6-Liters entspricht. Entsprechend fallen die Fahrleistungen mit einer Höchstgeschwindigkeit von 185 km/h und 12,1 Sekunden für den Spurt aus dem Stand auf Tempo 100 aus. Die Evolution des IMA-Antriebs beim Civic erlaubt

im Schiebebetrieb oder bei langsamer Fortbewegung auf ebener Strecke das Fahren mit reinem Elektroantrieb. Mit einem Verbrauch von 4,6 Litern auf 100 Kilometern sorgt der Civic Hybrid für einen $CO_2$-Ausstoß von 109 Gramm pro Kilometer.

Ebenfalls den amerikanischen Kunden vorbehalten bleibt vorerst die kultivierteste Form, einen Honda mit Hybridantrieb zu bewegen: der Accord Hybrid. Dessen V6 mit 2997 cm³ Hubraum leistet 176 kW (240 PS) bei 6250/min, der nur 68 Millimeter breite Elektromotor trägt dabei 12 kW (16 PS) bei 840/min zur Systemleistung von 188 kW (256 PS) bei. Die Nickel-Metallhydridbatterie liefert 13,8 kW (22 PS) mit einer Spannung von 144 Volt. Nach amerikanischem Verbrauchszyklus benötigt der maximal 220 km/h schnelle Accord Hybrid 7,2 Liter auf 100 Kilometer. Das Besondere am V6 des Honda Accord Hybrid ist seine Zylinderabschaltung, die einen weiteren Beitrag zur Reduzierung des Kraftstoffverbrauchs leistet. Bei geringer Abfrage von Antriebsleistung läuft das Leichtmetallaggregat mit lediglich drei Zylindern.

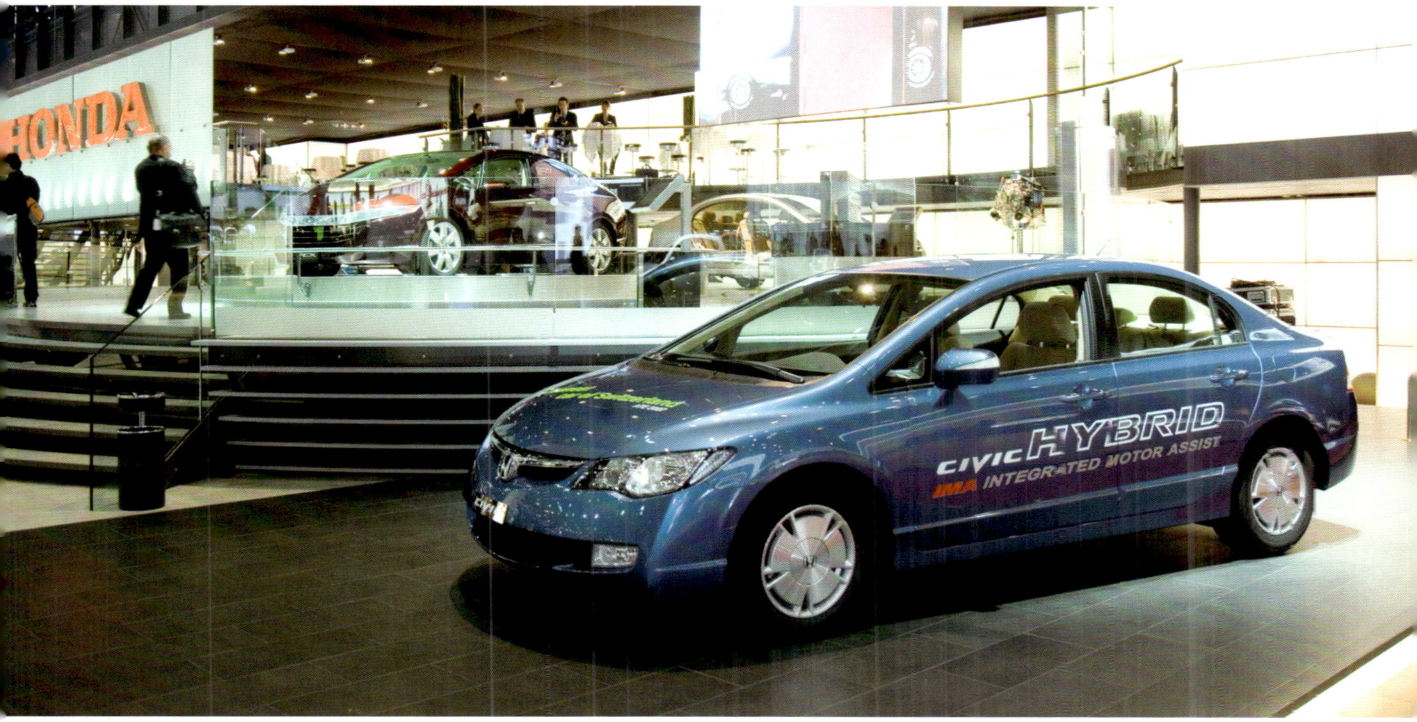
HONDA
CIVIC HYBRID
IMA INTEGRATED MOTOR ASSIST

RBC236

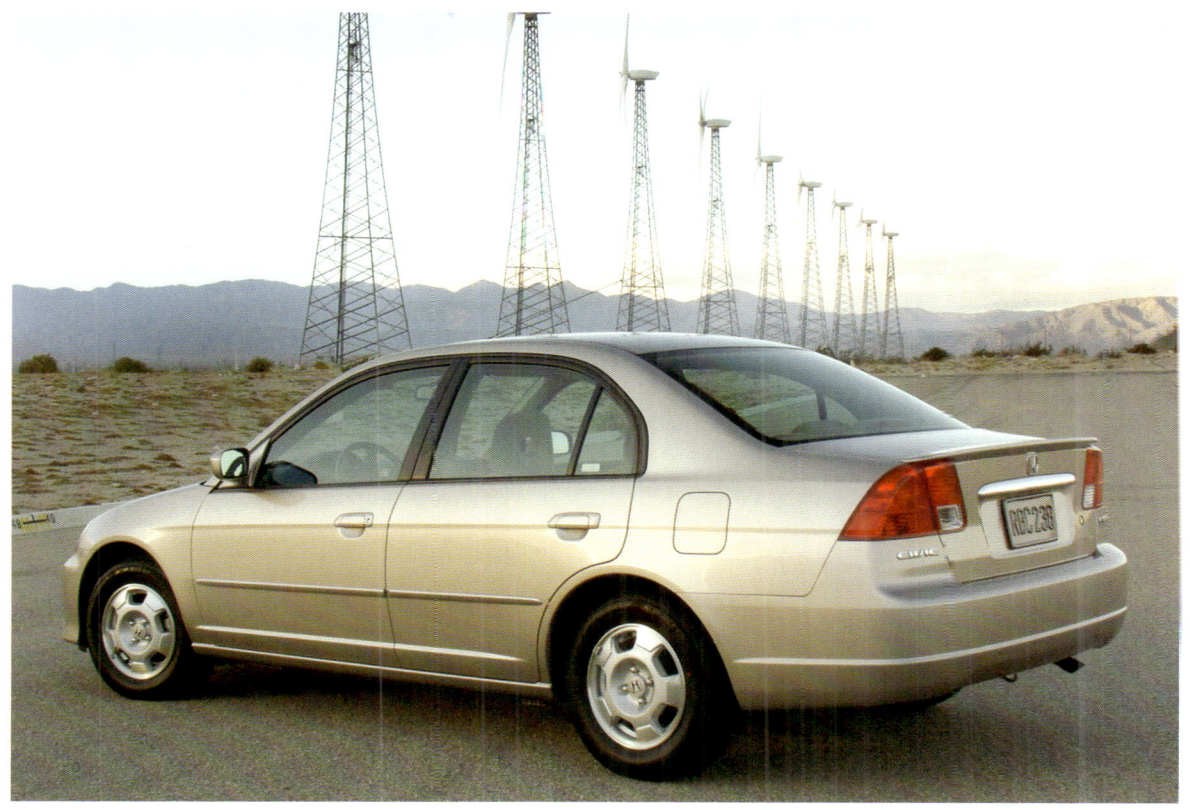

## Ford: Amerikas Vorreiter bei der Hybridtechnik

Die großen US-amerikanischen Autohersteller haben durchaus die Zeichen erkannt, dass die deutliche Senkung des Kraftstoffverbrauchs und damit der Ausstoß klimaschädlicher Gase die wichtigste Herausforderung für die Zukunft ist. Dass dabei der Hybridantrieb eine herausragende Rolle spielt, steht für Ford außer Frage. Entsprechend frühzeitig hat man sich mit der Entwicklung des Hybridantriebs beschäftigt und als erster amerikanischer Hersteller einen entsprechend konfigurierten SUV mit Hybridantrieb 2004 auf den Markt gebracht, den Escape Hybrid.

Dr. Gerhard Schmidt, Vizepräsident der Ford AG, zuständig für Forschung und Entwicklung, ist vom Erfolg des Konzepts überzeugt: „Wenn es darum geht, gleichzeitig eine Steigerung der Antriebsleistung und eine Senkung des Kraftstoffverbrauchs zu erreichen, ist der Hybridantrieb ein goldener Mittelweg." Der Escape, eine kompakter SUV, vergleichbar mit dem Saturn VUE Green, ist ein Vollhybrid, der modifizierte Komponenten aus dem Antrieb des Toyota Prius 1 übernommen hat. Schon bei der Entwicklung des Escape hatten die Ingenieure eine Version mit Hybridantrieb vorgesehen und für den entsprechenden Platzbedarf der Bauteile gesorgt. Der Ottomotor ist ein Vierzylinder mit 2231 cm$^3$ Hubraum, der 99 kW (133 PS) bei 6000/min leistet und nach dem Atkinson-Zyklus arbeitet. Dr. Gerhard Schmidt beschreibt die Vorteile dieses Zyklus: „Der Atkinson-Zyklus ist ein Brennverfahren, das durch Modifizierung von Ladungswechsel und Verbrennung Vorteile im Verbrauch, aber Einbußen in der maximalen Leistung und beim Drehmoment, jeweils bei Nenndrehzahl bewirkt. Die Hybridisierung, das heißt die Kombination von elektrischem und verbrennungsmotorischem Antrieb gleicht diese Nachteile jedoch aus, beziehungsweise überkompensiert sie."

Der permanent erregte Elektro-Synchronmotor leistet 70 kW (95 PS), die Nickel-Metallhydridbatterie arbeitet mit einer Spannung von 330 Volt. Die Kraftübertragung übernimmt ein elektrisch geregeltes Powersplit-

Dr. Gerhard Schmidt, Vizepräsident der Ford AG, ist zuständig für die weltweite Forschung und Entwicklung des Konzerns.

Getriebe, ähnlich einem herkömmlichen CVT-Getriebe. Bei Ford verfügt dieses Getriebe nur über einen einfachen Planetenradsatz und kommt ohne Wandler aus. Der Verbrauch des Escape liegt bei 6,4 Litern pro 100 Kilometer. Das Sparpotenzial des Escape kommt in erster Linie im Stadtverkehr zum Tragen, wo auch die Start-Stopp-Funktion einen wichtigen Beitrag zur Kraftstoffeinsparung leistet.

Ford bietet neben dem Escape als zweites Modell mit Vollhydridantrieb seit Ende 2005 den Mercury Mariner Hybrid an, der über den gleichen Hybridantrieb wie der Escape verfügt. Für 2008 sind zwei weitere Modelle, der Ford Fusion und der Mercury Milan mit Hybridantrieb, angekündigt. Die weitere Strategie von Ford sieht beim Hybrid eine Produktion von 250.000 Fahrzeugen bis 2010 und einen weltweiten Vertrieb vor. Die Prognosen für Hybridfahrzeuge schwanken derzeit noch erheblich. 2020 könnte ihr Anteil jedoch bei 20 Prozent liegen.

Dass der Hybridantrieb generell noch einen hohen Einsatz an Entwicklungsarbeit erfordert, daran besteht auch bei Ford kein Zweifel. Das beginnt bei der grundsätzlichen Planung der Modelle. Dr. Gerhard Schmidt: „Wir müssen uns verstärkt darum kümmern, wie der Kunde das Fahrzeug später nutzt, welches Produkt er

**Der Ford Escape war das erste Auto mit Hybridantrieb einer nicht-japanischen Firma auf dem amerikanischen Markt.**

braucht und daran die Gestaltung orientieren." Bei einer steigenden Hybridisierung ist eine Diversifikation der Produkte unerlässlich. Dr. Schmidt: „Wir brauchen unterschiedliche Konzepte für unterschiedliche Kunden." Auch die Anforderungen der großen Märkte sieht der oberste Ford-Entwickler unterschiedlich, so dass Ford die gesamte Bandbreite der Hybridtechnik abdecken wird: „In den Vereinigten Staaten werden verstärkt die Vollhybriden zum Einsatz kommen, während in Europa vordringlich Micro und Mild Hybrid gefordert werden." Zu den Lösungen, an denen Ford arbeitet, gehört auch die „Plug in"-Technik, die es ermöglicht, die Batterien des Hybridantriebs nicht nur durch den Verbrennungsmotor, sondern auch per Kabel über einen stationären Stromanschluss zu laden.

Für den Ingenieur steht außer Frage, dass gerade beim Energiespeicher für den Hybridantrieb noch ein weiter Weg zurückzulegen ist: „Das Energieangebot selbst des modernsten Stromspeichers ist immer noch um

eine Zehnerpotenz geringer als im fossilen Kraftstoff oder Wasserstoff" Dazu liefert Dr. Gerhard Schmidt eindrucksvolle Zahlen: Während in einem Kilo Benzin 120 Mega-Joule Energie gespeichert sind, schafft ein Kilo Lithium-Ionen-Batterie gerade 0,5 Mega-Joule. Das Joule ist die abgeleitete SI-Einheit (Système international d'unités: Internationales Einheitssystem, verkörpert das metrische System und ist das am weitesten verbreitete System für physikalische Einheiten) der Größen Energie, Arbeit und Wärmemenge. Nach unterschiedlichen Arten der Ableitung sind auch die Bezeichnungen Newtonmeter und Wattsekunde gebräuchlich.

Der Erfolg der Hybridtechnik wird nach Ansicht von Ford jedoch nicht nur von der technischen Entwicklung abhängen. Unterm Strich werden die Kunden nach der Relation von Kosten und Nutzen ihre Entscheidung treffen. „Das Beispiel der Computerindustrie zeigt", so Dr. Schmidt, „dass die Vorteile bei dem Hersteller liegen, der die Kosten am wirksamsten senkt." Auch müs-

**Der Ford Konzern setzt mit dem Mercury Milan ab dem Modelljahr 2008 seine Hybridoffensive auf dem amerikanischen Markt fort.**

sen die notwendigen Produktionskapazitäten geschaffen werden. Auch bei den Zulieferern. Derzeit ist beispielsweise der Batterielieferant Sanyo, der die Hybridantriebe von Ford mit Akkumulatoren versorgt, nur mit Mühe in der Lage, angesichts der Nachfrage die notwendige Menge an Nickel-Metallhydridbatterien zu liefern. Modelle mit Lithium-Ionenbatterie laufen bereits in der Erprobungsphase.

Speicherkapazität und Energiedichte der Lithium-Ionenbatterie lassen auch bei Ford keinen Raum für Zweifel, dass diesem elektrischen Energiespeicher die Zukunft gehört. Ford und das amerikanische Unternehmen „Hymotion" testen bereits neue Varianten des Hybridantriebs. Dazu gehört das PHEV-System (Plug-in Hybrid Electric Vehicle). Dieses Fahrzeug auf Basis des Escape verfügt über ein 147,5 Kilo schweres elektrisches Antriebsmodul, das über einen Stromanschluss in sechs Stunden komplett geladen werden kann. Mit vollem Energiespeicher kann das Fahrzeug bis zu 80 Kilometer mit einer maximalen Geschwindigkeit von 55 km/h zurücklegen.

Bei Ford ist man ein wenig stolz, bei der Hybridentwicklung in vorderer Reihe zu stehen. Dr. Gerhard Schmidt: „Als wir im Herbst 2004 mit dem Ford Escort Hybrid auf den Markt kamen, waren wir der zweite Hersteller nach Toyota, der ein Fahrzeug mit Vollhybrid zum Kauf anbot." Auch bei Ford besteht kein Zweifel, dass am erfolgreichen Ende der Hybridentwicklung die Kombination aus Elektroantrieb, Energiespeicher und Brennstoffzelle stehen wird. In Kanada, USA und Europa laufen 30 Ford Focus mit Brennstoffzelle in einem Großversuch. Somit bleibt für die Kombination aus Verbrennungs- und Elektromotor aus Sicht von Ford nur die Rolle der Übergangslösung, bis alle technischen, strukturellen und logistischen Probleme mit dem Wasserstoff gelöst sind.

## General Motors: Hybrid-Diät für Trucks und SUV

William Crapo „Billy" Durant (1861-1947) ist nicht primär als Idol aller Schulversager in die Geschichte eingegangen. Trotz Schulabbruch schaffte er es, Ende des 19. Jahrhunderts zum führenden Hersteller von Pferdekutschen aufzusteigen. Danach gelang ihm problemlos der Umstieg auf das junge Transportmittel Automobil. 1904 wurde er Generaldirektor, dann Präsident von Buick. Vier Jahre später, 1908, gründete er General Motors. In kurzer Zeit versetzten seine Erfolge als Spekulant auf dem Aktienmarkt den Unternehmer in die Lage, Oldsmobile, Cadillac und Oakland Motor Car, aus der schließlich Pontiac hervorging, zu erwerben. Mehr als 80 Jahre gelang es GM den Status als „größter Automobilhersteller der Welt" aufrecht zu erhalten, bis dieser Stab 2007 an Toyota überging.

Die Orientierung der Kernmarken von General Motors auf den amerikanischen Markt mit Trucks und großen („Fullsize") SUV, hat vor dem Hintergrund der Klimaproblematik, aber vor allem wegen der rapide steigenden Kraftstoffpreise in den Vereinigten Staaten zu ernsten wirtschaftlichen Problemen geführt. Bei den Verantwortlichen des Unternehmens steht außer Frage, dass gerade die Hybridtechnik für die großvolumigen Fahrzeuge ein sinnvoller Ausweg sein wird, angesichts der amerikanischen Fahrweise und dem hohen Verkehrsanteil in Ballungszentren den Verbrauch um 25 Prozent zu senken.

Da der Verbrauchsvorteil des Hybrids mit der Größe des Antriebs besonders im Stadtverkehr wächst, entstanden die ersten serienmäßigen Hybridfahrzeuge des Hauses als Omnibusse für städtische Verkehrsbetriebe. Bis Mitte 2007 sind bereits mehr als 500 dieser Transportmittel im Einsatz. Allein die Stadt Seattle unterhält eine Flotte von 235 Hybridbussen, deren Einsparpotenzial beim Kraftstoff pro Jahr 750.000 Gallonen (3 Millionen Liter) beträgt. Über den Lebenszyklus der Flotte von zwölf Jahren addiert sich dieser Wert auf acht Millionen Gallonen (32 Millionen Liter). Würden alle rund 13.000 öffentlichen Omnibusse in den USA auf Hybridantrieb umstellen, betrüge das jährliche Einsparpotenzial an Kraftstoff 40 Millionen Gallonen (160 Millionen Liter). Das entspräche der Verbrauchsersparnis von etwa 500.000 Pkw mit Hybridantrieb.

Doch nicht allein der Verbrauchsvorteil spricht für die fortschrittliche Antriebstechnik der Busse, die sich ein Reihensechszylinder-Diesel von Caterpillar mit 8,9 Litern Hubraum und 350 PS bei 2000/min sowie zwei Elektromotoren mit je 100 kW (136 PS) teilen, auch die Senkung der Abgasemissionen spiegelt den Vorteil des Hybridantriebs eindrucksvoll wieder. Die Emissionen der Schadstoffe eines Hybridbusses fallen im Vergleich zu einem Omnibus mit konventionellem Antrieb im Stadtverkehr um rund 50, die von Stickoxiden ($NO_x$) sogar um 90 Prozent geringer aus.

Kunden in den Vereinigten Staaten können ab dem Modelljahr 2008, also ab Herbst 2007, gleich mehrere Hybridmodelle aus der GM-Familie kaufen. Zur Auswahl stehen beispielsweise zwei Pick-ups, der Chevrolet Silverado und der GMC Sierra, oder zwei SUV, der GMC Yukon bzw. der Chevrolet Tahoe. Der Parallel-Hybridantrieb dieser leichten Trucks und SUV kombiniert

**Der Chevrolet Silverado ist ab Modelljahr 2008 auch in einer Hybridversion verfügbar.**

**Der Saturn VUE Green Line Hybrid verwendet einen Mild Hybrid als Antrieb. Er ist ein direkter Wettbewerber des Ford Escape.**

einen V8 mit 5,3 Litern Hubraum, 217 kW (295 PS) Leistung und Zylinderabschaltung mit einem Elektromotor, der bei Anfahrdrehzahl bereits 220 Newtonmeter liefert. Die Batterie ist ein konventioneller Bleiakku mit 10 kW (13,6 PS) Leistung.

Ebenfalls im Handel ist der Saturn VUE Green Line Hybrid. Der kompakte SUV ist ein direkter Wettbewerber des Ford Escape und verwendet einen Mild Hybrid, bei dem ein Elektromotor mit 14,5 kW (20 PS) den Vierzylinder-Ottomotor mit 2393 cm³ und einer Leistung von 127 kW (173 PS) unterstützt. GM gibt den Verbrauch im Stadtverkehr mit 7,4 Litern auf 100 Kilometer an.

Um die Herausforderung des Hybridantriebs für die Zukunft zu bewältigen, entstehen weltumspannende Kooperationen. GM vereinbarte 2006 eine Zusammenarbeit mit DaimlerChrysler und der BMW Group. Diese „Global Hybrid Cooperation" soll die nächste Generation von Hybridantriebssystemen entwickeln. Jedes Unternehmen wird das Vollhybridsystem unter Berücksichtigung seiner eigenen marktspezifischen Anforderungen dann in die Konzeption seiner Fahrzeuge integrieren. In Troy, im US-Bundesstaat Michigan, arbeiten Ingenieure aus allen drei Konzernen gemeinsam an Komponenten wie Elektromotoren, Steuerungen, Energiemanagement und Verkabelung.

GMC Yukon (oben) und Chevrolet Tahoe sind klassische „Fullsize-SUV". Ab Modelljahr 2008 sollen Hybridversionen eine Verbrauchsreduzierung von bis zu 25 Prozent ermöglichen.

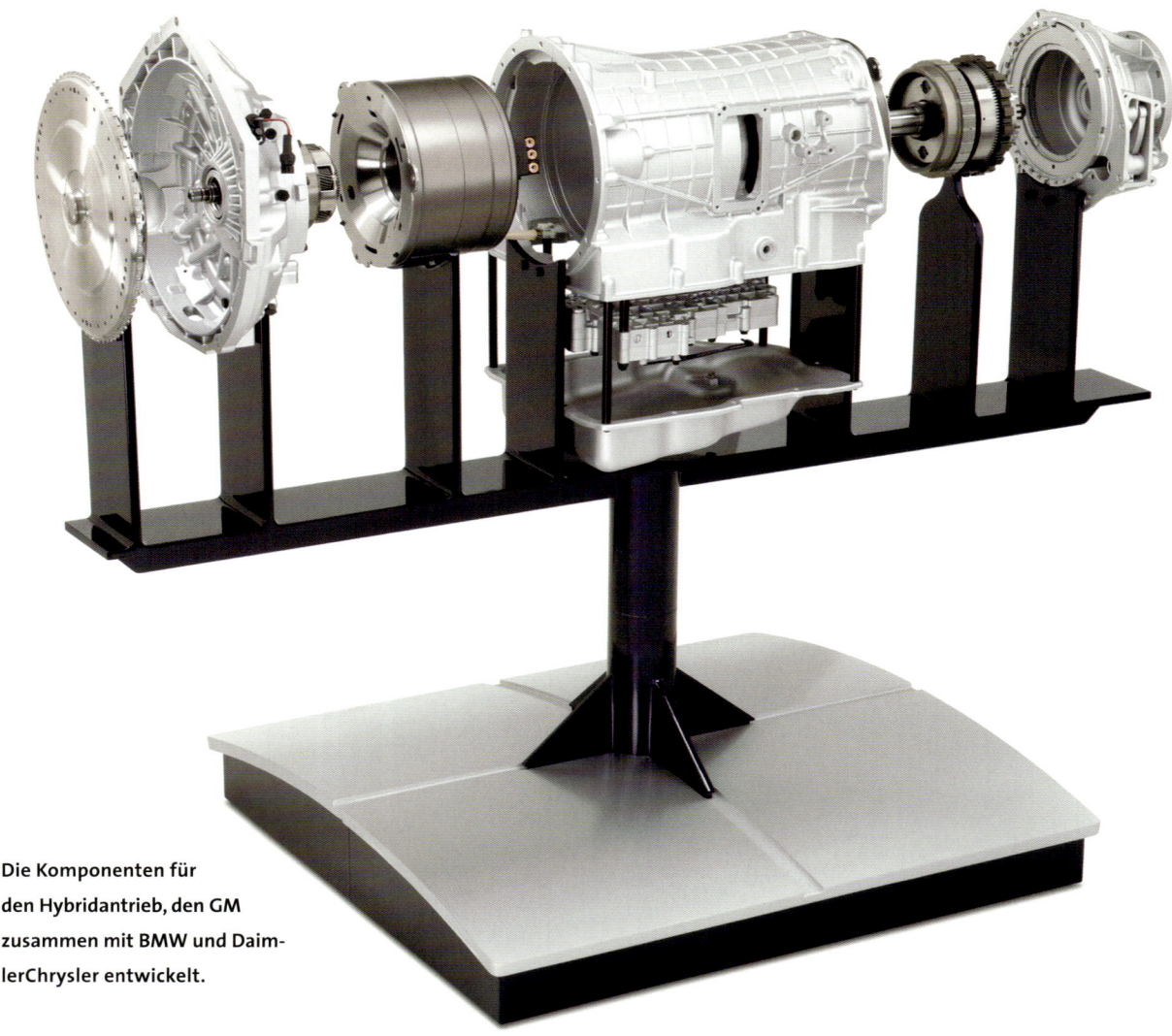

**Die Komponenten für den Hybridantrieb, den GM zusammen mit BMW und DaimlerChrysler entwickelt.**

Neben dem klassischen Vollhybrid arbeitet GM an einem ganz eigenen Weg. Larry Burns, GM Vice President für Forschung, Entwicklung und Planung, sieht den weltweit wachsenden Energiebedarf und die Abhängigkeit vom Öl als roten Faden in den aktuellen Schlagzeilen: „Ganz gleich, ob Sie Energiesicherheit, den Klimawandel, Naturkatastrophen, die hohen Benzinpreise, die unberechenbaren Rohölpreise oder deren Auswirkung auf die Börse betrachten, all diese Themen machen deutlich, wie wichtig die Diversifizierung des Energiemix ist." Deshalb arbeitet GM an einem Konzept, das die Optionen für die unterschiedlichsten Kraftstoffe offen lässt, seien es Benzin, Diesel, Biodie-

sel, Ethanol oder eine Brennstoffzelle mit Wasserstoff, das E-Flex-System.

Dieses E-Flex-System ermöglicht den Einbau verschiedener Antriebssysteme in ein gemeinsames Chassis mit Elektroantrieb. Ziel ist es, die weltweite Diversifizierung des Energiemix zu unterstützen und auch das Stromnetz als Energiequelle stärker zu nutzen, vor allem wenn Strom aus regenerativen Energiequellen zur Verfügung steht.

Larry Burns: „Die DNA des Automobils hat sich seit über 100 Jahren nicht verändert. Fahrzeuge funktio-

Die „Global Hybrid Cooperation" vereinbarten 2006 (von links) Dr. Wolfgang Epple (BMW), Larry Nitz (GM), Michigans Gouverneurin Jennifer Granholm und Andreas Truckenbrodt (DaimlerChrysler).

Larry Burns (links), GM-Vize für Forschung und Entwicklung, und GM-Chef Bob Lutz verfolgen mit dem „E-Flex-System" einen eigenen technischen Weg für die Nummer Zwei im weltweiten Automobilbau.

nieren ziemlich genauso wie 1886, als Carl Benz seinen Wagen ohne Pferde vorstellte. Mechanische Antriebssysteme werden uns sicher noch viele Jahrzehnte begleiten. Dennoch sieht GM einen Markt für verschiedene Arten von Elektrofahrzeugen, beispielsweise mit Brennstoffzelle oder Benzin- und Dieselmotoren zur Vergrößerung der Reichweiten. Mit unserem neuen E-Flex-Konzept können wir Strom aus Benzin, Ethanol, Biodiesel und Wasserstoff erzeugen. Wir können das Antriebssystem eines Fahrzeugs exakt an die Bedürfnisse und die Infrastruktur bestimmter Märkte anpassen. So könnte ein Autofahrer in Brasilien hundertprozentigen Ethanol als Kraftstoff für den Generator und

die Batterie nutzen. Ein Kunde in Shanghai könnte wiederum durch Solarenergie gewonnenen Wasserstoff verwenden, um in einer Brennstoffzelle Strom zu erzeugen, während in Schweden aus Holz gewonnener Biodiesel zum Einsatz kommt."

Die erste konkrete Fingerübung mit dem E-Flex-System setzte GM in Form des Chevrolet Volt Anfang 2007 auf der Detroit Motor Show in die Realität um. Dessen Hybridsystem verwendet als Hauptantrieb ausschließlich einen Elektromotor. Wenn die Batterien entladen sind, erzeugt ein Dreizylinder-Benzinmotor mit Turboaufladung und einem Liter Hubraum mit einer kon-

**Das E-Flex-System sieht eine gemeinsame technische Plattform für unterschiedliche alternative Antriebe vor, die die einzelnen Konzernmarken individuell nutzen.**

stanten Drehzahl Strom zum Laden der Batterie. Der Antrieb verfügt darüber hinaus auch über eine „Plug in"-Funktion, die es ermöglicht, die Batterien nach dem Entladen in rund sechs Stunden an einer gewöhnlichen Steckdose aufzuladen.

Voraussetzung für das Funktionieren des E-Flex-Systems ist eine leistungsfähige Lithium-Ionenbatterie, die voll aufgeladen eine Reichweite im Stadtverkehr von rund 60 Kilometern erlaubt. Bei einem täglichen Weg zur Arbeit von 100 Kilometern für beide Strecken, würde der Benzinverbrauch 1,6 Liter auf 100 Kilometer betragen. Selbst auf Langstrecken verbraucht der Chevrolet Volt mit permanentem Einsatz des Benzinmotors nur 4,7 Liter auf 100 Kilometern. Dabei kann der Ottomotor sowohl normalen Kraftstoff als auch E85, eine Mischung aus 85 Prozent Ethanol und 15 Prozent Ottokraftstoff verwenden. Der erforderliche Lithium-Ionen-Akku für die anvisierte Reichweite mit reinem Elektroantrieb würde nach derzeitigen Berechnungen 181 Kilo wiegen. Mit der Serienreife einer solchen Batterie rechnen Experten im Zeitraum zwischen 2010 und 2012.

## Und sonst? Da kommt uns Manches chinesisch vor

Das Unternehmen, das am engsten mit der Erfindung des Automobils verbunden ist, tut sich am schwersten mit der Hybridtechnik. Nicht, dass bei Daimler-Chrysler Zweifel darüber gehegt würden, dass die Senkung des Verbrauchs die wirksamste Vorgehensweise gegen die Klimaveränderung ist. Doch sucht Mercedes-Benz primär sein Heil in der Kombination

von Diesel und Bluetec. Dabei können sich die Erfolge durchaus sehen lassen. Der aktuelle C 220 Bluetec verbraucht bei einer Leistung von 125 kW (170 PS) 5,5 Liter Diesel auf 100 Kilometer und erfüllt dabei Grenzwerte bei den Abgasen, die zur Zeit für eine Stufe Euro 6 im Jahr 2015 diskutiert werden. Doch angesichts der Tatsache, dass der Pkw-Diesel in erster Linie ein europäisches Phänomen ist und auf allen anderen wichtigen Weltmärkten kaum eine Rolle spielt, kann die momentan nicht stringent erkennbare Strategie bei Hybridantrieben zu einem Problem führen. Die 2006 geschlossene Allianz zwischen DaimlerChrysler, der BMW Group und General Motors verdeutlicht, dass nun auch bei DaimlerChrysler die Zeichen der Zeit erkannt worden sind.

Konkrete Projekte sind freilich noch nicht zu sehen, genauso wenig ist ein Fahrplan für die Einführung der ersten Hybridfahrzeuge festgelegt. In dieser Hinsicht marschieren die Schwaben im Einklang mit BMW. Kurzfristig setzen die beiden süddeutschen Premiumhersteller beim Thema Hybrid auf Lösungen wie Start-Stopp-Automatik oder regenerative Bremssysteme.

Volkswagen sieht im Hybridantrieb kein Allheilmittel, weil die Nutzung auf den großen Weltmärkten unterschiedlich ausfällt. Dr. Lars Hofmann verantwortlich bei VW für alternative Antriebe: „Man muss akzeptieren, dass das Auto in Europa anders eingesetzt wird als im Stadtverkehr von Tokio. Bei aller Begeisterung für den Hybridantrieb, auf der Langstrecke ist der Diesel einfach unschlagbar." Trotzdem spulen auch bei Volkswagen hybridgetriebene Versuchsträger ihre Kilometer ab. Zum Beispiel ein Touran, bei dem als Verbrennungsmotor der 1,4-Liter TSI mit 125 kW (170 PS) arbeitet. Mit dem TSI-Konzept, das einen kleinvolumigen Vierzylinder (1,4 Liter) mit einer mechanischen Aufladung für untere, sowie Turboaufladung für höhere Drehzahlen kombiniert, hat sich VW als Pionier beim „Downsizing" von Motoren etabliert. Beim Hybridantrieb verzichtet VW auf die mechanische Aufladung, da für ein verbessertes Ansprechverhalten bei niedrigen Drehzahlen der Elektromotor mit zusätzlichen 130 Newtonmeter

sorgt. Für die Kraftübertragung steht ein Siebengang-getriebe mit Direktschaltung bereit.

Für die Trendwende in der Einstellung zum Hybridantrieb sorgte bei Volkswagen die Entwicklung des chinesischen Marktes, der neben rasantem Wachstum künftig auch strenge Umweltgesetzgebungen erwarten lässt. Der Tou-ran-Hybrid soll in Shanghai produziert werden und 2008 zu den Olympischen Spielen zur Verfügung stehen. Um den Trend in der Hybridhochburg USA nicht zu verschla-fen, soll im gleichen Jahr den Amerikanern auch ein Jetta mit Hybridantrieb zur Verfügung stehen.

Der Automobilmarkt mit dem dynamischsten Wachs-tum ist derzeit China. Die Steigerungsraten bei Neuzu-lassungen liegen pro Jahr zwischen 20 und 30 Prozent. Kamen 2006 noch rund 5,4 Millionen neue Autos auf Chinas Straßen, werden es 2007 bereits 6,3 Millionen

sein. Ab 2010 werden 30 Prozent aller weltweiten Kun-den für Neufahrzeuge Chinesen sein. Der Bestand an Fahrzeugen wächst bis zu diesem Zeitpunkt auf 180 Millionen.

Bereits 2006 hat China Japan als zweitgrößten Auto-hersteller der Welt abgelöst. Noch beherrschen auslän-dische Hersteller den Markt. Volkswagen verkaufte 2006 643.000 Autos, gefolgt von GM mit 431.000 und Hyundai mit 401.000 Autos. Der erste chinesische Her-steller SAIC (Shanghai Automotive International Cor-poration) folgt mit 400.000 Pkw an vierter Stelle. Noch ist das Angebot heimischer Hersteller unübersichtlich. Mehr als 100 chinesische Autobauer bieten etwa 300 verschiedene Modellreihen an.

Obwohl die Straßen der großen Metropolen bereits heute komplett überlastet sind, werden alleine in Pe-

**Diesel/Elektro-Hybridantrieb**

Batterie

Verbrennungs-motor

Kupplung

Kupplung

Getriebe

Schwungscheibe
als Elektromotor/
Generator

**Volkswagen begann mit der
Hybridforschung auf Basis
des Golf III.**

**Mercedes-Benz setzt bei der
Verbrauchsreduzierung vorerst
auf die „Bluetec"-Technik in
Verbindung mit Dieselmotoren.**

king jeden Tag 1200 neue Autos zugelassen. Ein vom Staat subventionierter Benzinpreis von etwa 50 Cent pro Liter begünstigt die rapide voranschreitende Motorisierung. Die daraus resultierenden Probleme für die Umwelt sind nicht minder dramatisch. Um der Luftverschmutzung Herr zu werden, gelten für Neuwagen bereits strenge Abgasgrenzwerte, die in etwa den Euro-4-Normen entsprechen.

Umweltfreundliche Autos mit alternativen Antrieben sind deshalb auch in China für die einheimischen Hersteller zunehmend ein Thema. Die jüngste Motorshow in Shanghai im April 2007 stand unter dem Thema: „Technologie und Natur in Harmonie". Roewe, ein Unternehmen der SAIC-Gruppe, das sich aus der technischen Konkursmasse des englischen Herstellers Rover gebildet hat und beispielsweise ein Derivat des Rover 75 produziert, stellte in Shanghai den W2 als erste Neu-

entwicklung auf einer eigenen Plattform vor. Geplant ist sowohl eine Version mit Hybridantrieb als auch ein Konzept mit Brennstoffzellenantrieb.

Chery, der zur Zeit erfolgreichste einheimische Hersteller, möchte das erste in Serie gebaute chinesische Auto mit Hybridantrieb 2007 auf den Markt bringen. Mit 30 Neuheiten und überarbeiteten Modellen dokumentierte Chery das wachsende Selbstbewusstsein der chinesischen Hersteller in Shanghai. Wie die Antriebslösungen konkret aussehen, was ihre Komponenten leisten, wie die Zukunftsstrategien der Unternehmen aussehen, lässt sich bei chinesischen Autoproduzenten im Detail nicht ermitteln. Die Unternehmen sind noch nicht bei einer zeitgemäßen Informationspolitik angekommen. So ist auch im 21. Jahrhundert der Hybrid immer noch für Mythen und Märchen gut.

# Danksagung

Als Autor exklusiv auf dem Titel eines Buches zu erscheinen, ist ohne Zweifel schmeichelhaft. Doch im Grunde mit einem Hauch von Etikettenschwindel behaftet, denn ohne Unterstützung eines großen Kreises hilfsbereiter und kompetenter Mitmenschen, würde es zumindest dieses Buch nicht geben. Deshalb widme ich meinen Helfern die letzten Zeilen.

An erster Stelle steht Peter Wandt von Toyota Deutschland. Er vertrat schon früh die These, dass das Thema Hybrid mit allen technischen, ökologischen und wirtschaftlichen Facetten so komplex ist, dass seine eingehende Betrachtung locker ein Buch füllen könnte. Dass er es mich mit kompetenter technischer Beratung füllen ließ, verdient ein besonderes persönliches Dankeschön.

Die erforderlichen Informationen und Abbildungen zu sammeln und zur Verfügung zu stellen, verschaffte vielen Mitmenschen die eine oder andere arbeitsreiche Stunde. Ulf Bode von der Toyota-Pressestelle gelang das Kunststück, rund 2500 Abbildungen auf eine einzige DVD zu brennen. Danke für Informationen und Bilder an Josef Schloßmacher von Audi, Monika Wagener von Ford, Wolfgang Zanker von DaimlerChrysler, Thomas Schallberger von Peugeot, Rüdiger Assion von GM und Werner Röser von Cadillac/GM. Eine Erwähnung als hilfreiche Informationsquelle verdient auch die Internetenzyklopädie „wikipedia".

„Domo arrigato gozaimashta!" an meine Freunde und Kollegen Franz Hoffmann, Dr. Michael Thalwitzer und Hanspeter Hauer für Tipps, Bilder und Informationen.

Joachim Hack vom Heel Verlag begleitete das Buch mit fachkundigem Lektorat. Das besonders Dankenswerte daran ist, dass ihm das so entspannt und frei von jeglicher Intention zur Hektik gelang.

Herzlichen Dank auch an das Grafikbüro Schumacher. Olaf Schumacher für die außergewöhnlichen Abbildungen, die er geduldig suchte und fand und somit dem Buch seine unverwechselbare Würze bescherte. Sylvia Özdana für die gesamte grafische Umsetzung und Andreas Gartz für die Gestaltung der grafischen Darstellungen. Der herzliche Bestandteil des Danks schließt auch die zauberhafte Bewirtung in den Mittagspausen und die Bereitstellung des Arbeitsplatzes für das Verfassen der Bildunterschriften ein.

Es bleibt noch zu versichern, dass eine nicht erfolgte namentliche Nennung an dieser Stelle für einen Beitrag zu diesem Buch keiner bösen Absicht entspringt oder gar ignoranter Missachtung. Deshalb noch einmal an alle Beteiligten: Herzlichen Dank!

**Thomas Lang,** Jahrgang 1956, arbeitet seit über 30 Jahren als Journalist. 1986 wechselte er von Stuttgart nach Köln in die Redaktion der „Auto Zeitung". Seitdem steht das Thema Auto im Mittelpunkt seiner Arbeit. Seit elf Jahren schreibt er als freier Redakteur.